INTERVENCIONISMO PERCUTÁNEO Y CIRUGÍA CORONARIA EN MUJERES

Eladio Sánchez Domínguez

INTERVENCIONISMO PERCUTÁNEO Y CIRUGÍA CORONARIA EN MUJERES

Eladio Sánchez Domíguez

Cirujano Cardiovascular

© 2012 Eladio Sánchez Domínguez

Reservados todos los derechos. Ni la totalidad ni parte de este libro puede reproducirse o transmitirse por ningún procedimiento sin permiso del autor.

Lulu Press, Raleigh, NC, Estados Unidos.
Primera edición, enero 2012.
ISBN: 978-1-4710-5858-5
Depósito Legal: BA-000006-2012

A Manuela

ÍNDICE

1 INTRODUCCIÓN _____ 7

2 JUSTIFICACIÓN DEL ESTUDIO _____ 9

3 METODOLOGÍA _____ 31

4 RESULTADOS _____ 89

5 DISCUSIÓN _____ 99

6 CONCLUSIONES _____ 127

7 BIBLIOGRAFÍA _____ 129

1 INTRODUCCIÓN

La cardiopatía isquémica es actualmente la primera causa de muerte en todo el mundo. Uno de los aspectos fundamentales de su tratamiento es la revascularización coronaria mediante técnicas de intervencionismo coronario percutáneo (ICP) o cirugía. Un porcentaje no desdeñable (3-13%) de pacientes que se someten a ICP requieren posteriormente cirugía de revascularización coronaria (CRC). Un número limitado de estudios con series cortas ha demostrado una mayor mortalidad en aquellos pacientes intervenidos de CRC con historia de ICP previo.

Basándonos en el presente trabajo se pretenden analizar las posibles diferencias de mortalidad hospitalaria en pacientes intervenidos de CRC con o sin historia de ICP previo; para ello, se empleará como muestra la población española intervenida de CRC y recogida en la base de datos del Instituto de Información Sanitaria del Ministerio de Sanidad, Política Social e Igualdad (MSPSI) desde el año 1997 hasta el 2007.

2 JUSTIFICACIÓN DEL ESTUDIO

El ICP se ha establecido como un tratamiento de primera línea de la enfermedad arterial coronaria (EAC), no obstante, las guías clínicas actuales siguen considerando la CRC el tratamiento de elección en pacientes con lesión severa del tronco coronario izquierdo (TCI) o "equivalente", pacientes con enfermedad de tres vasos y pacientes con enfermedad de dos vasos con afectación de la descendente anterior (DA) proximal, siendo el beneficio mayor en pacientes con disfunción ventricular izquierda, diabéticos y cuanto más sintomático esté el paciente o más miocardio esté en riesgo (1).

2.1 CRC EN PACIENTES CON ICP EXITOSO PREVIO

La frecuencia de la CRC en pacientes que se han sometido a un ICP previo exitoso ha variado a lo largo de los años desde el inicio del ICP, habiendo disminuido tras la introducción de los *stents* metálicos y principalmente tras la introducción en 2003 de los *stents* liberadores de fármacos. La incidencia de CRC tras ICP exitoso varía ampliamente según las publicaciones, influyendo, entre otros factores, el año de la

JUSTIFICACIÓN

publicación, el empleo de *stents* liberadores de fármacos, la preferencia de realizar nuevos ICP sobre ICP previo, la gravedad de los pacientes incluidos y el tiempo de seguimiento del estudio.

En 1999 se publicaron los resultados a 10 años de un estudio observacional de 1000 pacientes en los que se realizó ICP con *stents* metálicos, implantados entre 1986 y 1996. En el seguimiento a 10 años el 8% de los pacientes se sometieron a CRC (2).

Hoffman y colaboradores (3), en el metaanálsis, publicado en 2003, que comparaba CRC y Angioplastia coronaria transluminal percutánea (ACTP) obtuvo una diferencia de riesgo de CRC posterior del 13% a 1 año, 17% a 3 años, 22% a 5 años y 26% a 8 años del ICP sobre la CRC. Es decir, a los 8 años de haberte sometido a una revascularización el riesgo de nueva CRC es 26% mayor si la revascularización fue mediante ICP frente a CRC.

Los resultados a 5 años del estudio ARTS, publicado en 2005, mostraron una incidencia global de CRC tras ICP con *stents* metálicos del 10,5%, siendo en el grupo de pacientes diabéticos del 15,2% (4). Los resultados a 5 años del estudio ERACI II, publicado en 2005, revelaron una incidencia de CRC tras ICP con *stents* metálicos del 8,4% (5). El estudio MASS II publicó, en 2007, una incidencia de CRC tras ICP con o sin *stents* metálicos del 3,4% al año y del 9,3% a los 5 años

(6). En 2010 se han publicado los resultados a 10 años del estudio MASS II, con una incidencia a 10 años de 13,2% de CRC tras ICP previo (7).

Al analizar los registros cardiacos del estado de Nueva York, Hannan y colaboradores publicaron en 2005 una incidencia de CRC tras ICP con *stent* metálico del 7,8% en 22.102 pacientes intervenidos mediante ICP entre 1997 y 2000 con un seguimiento medio de 585 días (8). Al analizar 9963 pacientes a los que se les realizó ICP con *stents* liberadores de fármacos entre octubre de 2003 y diciembre de 2004 obtuvo una incidencia de CRC tras ICP con *stents* liberadores de fármacos del 2,2% en los 18 meses del estudio, publicado en 2008 (9).

Curtis y colaboradores publicaron en 2009 el análisis de 315.241 ICP realizados en 298.395 pacientes en 2005 en Estados Unidos, la incidencia de readmisión a los 30 días fue del 14,6%, requiriendo CRC el 1,7% de los pacientes a los que se realizó ICP en los 30 días previos (10).

El estudio SYNTAX publicó en 2009 una incidencia de CRC tras *stents* liberadores de fármacos del 2,8% a un año en los 903 pacientes randomizados al grupo de ICP entre 2005 y 2007 (11). En el análisis de los pacientes diabéticos del estudio SYNTAX, publicado en 2010, la incidencia de CRC tras *stents* liberadores de fármacos a un año fue del

JUSTIFICACIÓN

2,9% en pacientes diabéticos en tratamiento con antidiabéticos orales y del 5,7% en pacientes en tratamiento con insulina (12).

2.2   FACTORES DE RIESGO EN CRC

La CRC es una cirugía que implica un riesgo quirúrgico, siendo la complicación más analizada y de mayor trascendencia la mortalidad hospitalaria, precoz, operatoria o quirúrgica, definida, en general, como la mortalidad dentro de los primeros 30 días tras la cirugía o la mortalidad que ocurre durante el mismo ingreso hospitalario de la cirugía (aunque hayan transcurrido más de 30 días). Como se ha descrito previamente, la mortalidad observada en la base de datos de la *Society of Thoracic Surgeons* entre 1997 y 1999 fue del 3,05% (13), la base de datos de la *European Association for Cardio-Thoracic Surgery* recogió una mortalidad del 2,1% en hombres y 3,5% en mujeres para el periodo 2004-2005 (14) y el registro español de actividad de cirugía cardiovascular de la Sociedad Española de Cirugía Torácica y Cardiovascular publicó en 2008 una mortalidad del 3,3% (15).

La existencia de una mortalidad hospitalaria asociada a la CRC ha hecho que desde el inicio de la CRC se hayan buscado factores de riesgo asociados a la mortalidad y se hayan generado modelos de estratificación del riesgo para predecir la mortalidad hospitalaria en cada paciente. A lo largo de los años se han publicado y validado muchos modelos de riesgo, pero presentan limitaciones innatas, ya que no pueden tener en cuenta ciertos factores como: la experiencia del equipo quirúrgico, aspectos del hospital, estados comórbidos o variables no incluidas en el cálculo del riesgo. Son modelos desarrollados hace varios años, en una región geográfica determinada, con un diferente equipo quirúrgico, anestesista, perfusionista y cuidado perioperatorio, por tanto predecirán la mortalidad de un paciente dado con unos factores de riesgo en una población similar a la del modelo y no la del paciente en cuestión. A pesar de sus limitaciones los modelos de estratificación del riesgo son ampliamente usados en la cirugía cardiaca y se han validado comparando con los resultados obtenidos en poblaciones diferentes a las que generaron el modelo, habiéndose comprobado que en ciertos casos infraestiman o sobreestiman la mortalidad, por ejemplo, el EuroScore infraestima la mortalidad en los pacientes de riesgo alto y la sobreestima en los de riesgo bajo (16, 17, 18).

El *Parsonnet Score* se desarrolló en Estados Unidos en los años ochenta y se ha ido modificando en revisiones sucesivas. El modelo inicial de 1989 incluyó los siguientes variables como factores de riesgo: género femenino, obesidad mórbida, diabetes, hipertensión arterial, fracción de eyección, edad, reoperación primera o segunda, balón intraaórtico de

JUSTIFICACIÓN

contrapulsación (BIAC) preoperatorio, aneurisma ventricular izquierdo, cirugía de emergencia tras ACTP o complicaciones del cateterismo, diálisis, estados catastróficos (defecto estructural, shock cardiogénico o insuficiencia renal aguda), raras circunstancias (paraplejia, dependencia de marcapasos, asma severo, cardiopatías congénitas del adulto), cirugía mitral, cirugía mitral con presión arteria pulmonar mayor de 60 mmHg, cirugía aórtica, cirugía aórtica con gradiente valvular aórtico mayor de 120 mmHg y cirugía combinada valvular y coronaria (19).

El modelo modificado de Parsonnet incluyó las siguientes variables: género femenino, obesidad mórbida, diabetes, hipertensión arterial, fracción de eyección, edad, reoperación primera o segunda, BIAC preoperatorio, aneurisma ventricular izquierdo, cirugía de emergencia tras ACTP o complicaciones del cateterismo, creatinina sérica mayor de 2 mg/dl, diálisis, cirugía mitral, cirugía mitral con presión arteria pulmonar mayor de 60 mmHg, cirugía tricuspídea, cirugía aórtica, cirugía aórtica con gradiente valvular aórtico mayor de 120 mmHg, cirugía combinada valvular y coronaria, lesión del TCI mayor del 90%, angina inestable, taquicardia o fibrilación ventricular, shock cardiogénico, infarto agudo de miocardio (IAM) en las 48 horas previas, insuficiencia cardiaca congestiva (ICC), marcapasos definitivo, endocarditis activa, defecto septal tras IAM, pericarditis crónica, cardiopatía congénita del adulto, enfermedad pulmonar obstructiva crónica (EPOC), presión arteria pulmonar media mayor de 30 mmHg, púrpura trombopénica idiopática, intubación preoperatoria, asma severo, enfermedad vascular periférica de miembros inferiores, enfermedad vascular carotídea, aneurisma aorta abdominal, disección aórtica, enfermedad neurológica severa, hiperlipidemia severa, testigos de Jehová, tratamiento preoperatorio con antiplaquetarios, intoxicación crónica severa, SIDA, cáncer y terapia crónica con corticoides o inmunosupresores (19).

El *Northern New England Score* se desarrolló de datos recogidos en cinco centros de los Estados Unidos, entre 1982 y 1989, de 3055 pacientes intervenidos de CRC aislada. Incluyó las siguientes variables: edad, género femenino, fracción de eyección menor del 40%, cirugía de urgencia, cirugía de emergencia, CRC previa, enfermedad vascular periférica, diálisis o creatinina mayor de 2 mg/dl y EPOC (16, 20).

El *Cleveland Clinic Score* se generó a partir del análisis de 5051 pacientes intervenidos de CRC aislada en los años ochenta en la *Cleveland Clinic Foundation*. Las variables incluidas fueron: cirugía de emergencia, creatinina, disfunción ventricular severa, reoperación, insuficiencia mitral, edad, cirugía vascular previa, EPOC, anemia, estenosis aórtica, peso menor de 65 kg, diabetes y enfermedad cerebrovascular (16, 17).

JUSTIFICACIÓN

El *Society of Thoracic Surgeons Score* se ha desarrollado a lo largo de los años a partir de la base de datos de pacientes intervenidos de cirugía cardiaca de la *Society of Thoracic Surgeons*, habiendo desarrollado modelos para CRC, cirugía valvular o combinada. El modelo para CRC de 1996 incluyó las siguientes variables: edad, género femenino, raza, fracción de eyección, diabetes, insuficiencia renal, creatinina, diálisis, hipertensión pulmonar, accidente cerebrovascular (ACV) (tiempo), EPOC, enfermedad vascular periférica, enfermedad cerebrovascular, IAM fase aguda, tiempo desde el IAM, shock cardiogénico, uso de diuréticos, inestabilidad hemodinámica, enfermedad de tres vasos, lesión TCI mayor de 50%, BIAC preoperatorio, cirugía de urgencia, cirugía de emergencia, primera reoperación, múltiples reoperaciones, arritmias, superficie corporal, obesidad, clase IV de la *New York Heart Association* (NYHA), uso de esteroides, ICC, ACTP dentro de las 6 horas previas, complicación angiográfica con inestabilidad hemodinámica, uso de digital y uso de nitratos intravenosos (21, 22, 23).

El EuroScore se publicó inicialmente en 1999, desarrollado a partir de una base de datos europea de 19030 pacientes en los que se recogieron 68 variables preoperatorias y 29 operatorias. Las variables que se asociaron con mortalidad y se seleccionaron para el modelo fueron: edad, género, EPOC, arteriopatía extracardiaca, disfunción neurológica, cirugía cardiaca previa, creatinina mayor de 2 mg/dl, endocarditis activa, estado preoperatorio crítico (taquicardia o fibrilación ventricular o muerte súbita reanimada, masaje cardiaco preoperatorio, intubación preoperatoria, soporte inotrópico preoperatorio, BIAC preoperatorio, fallo renal agudo preoperatorio), angina inestable, disfunción ventricular izquierda, IAM de menos de 90 días, presión arteria pulmonar mayor de 60 mmHg, cirugía de emergencia, cirugía distinta a CRC aislada, cirugía de la aorta torácica y rotura septal postIAM (24, 25).

2.3 ¿EL ICP PREVIO ES UN POSIBLE FACTOR DE RIESGO EN LA CRC?

Los modelos de riesgo publicados hasta la actualidad no han incluido el ICP previo como factor de riesgo, el *Society of Thoracic Surgeons Score* solo consideró como factor de riesgo el haberse realizado una ACTP en las 6 horas previas. Jones y colaboradores (26) publicaron en 1996 un estudio en el que identificó variables asociadas con mortalidad precoz tras CRC. En el grupo de nivel 2 que consideraba variables no claramente relacionadas con la mortalidad precoz tras CRC pero con un interés potencial de ser investigadas o interés administrativo incluye el número de ICP previos y la fecha del ICP más reciente. En los últimos años se han publicado varios artículos que señalan una mayor

JUSTIFICACIÓN

mortalidad hospitalaria en pacientes intervenidos de CRC con historia de ICP previo exitoso. El número de publicaciones han sido limitadas, con muestras pequeñas y datos contradictorios.

2.3.1 El ICP previo no es un factor de riesgo de mortalidad en la CRC

Kalaycioglu y colaboradores (27) publicaron en 1998 una comparación de 40 pacientes intervenidos de CRC con ACTP previo exitoso con 40 pacientes sin historia de ACTP previo intervenidos de CRC en el mismo periodo; no demostrando diferencias significativas en mortalidad hospitalaria ni supervivencia a 3 años entre los dos grupos. El grupo con historia de ACTP previo presentó una estancia hospitalaria global mayor (9,1 ±2,5 días frente a 8,0 ±1,1 días, p=0,008).

Barakate y colaboradores (28) publicaron en 2003 una comparación de 361 pacientes intervenidos de CRC tras historia de ACTP exitoso con 11909 pacientes intervenidos de CRC sin historia de ACTP entre 1981 y 1997 en el *Royal Prince Alfred Hospital*, Sydney, Australia. El segundo grupo presentaba mayor incidencia de enfermedad de tres vasos y mayor número de anastomosis distales. No se encontraron diferencias significativas en morbilidad (IAM postoperatorio, arritmias ventriculares, síndrome de bajo gasto cardiaco, necesidad de BIAC, fallo respiratorio postoperatorio, ACV o infección de herida quirúrgica) ni mortalidad a los 30 días entre los dos grupos. La estancia hospitalaria media fue mayor en el grupo sin ACTP previo (9,1 días frente a 8 días, p<0,005).

Kamiya y colaboradores (29) publicaron en 2004 una comparación de la permeabilidad del injerto con arteria mamaria interna (AMI) a DA en pacientes con o sin historia de ACTP previo exitoso a la DA, intervenidos de CRC entre 1994 y 2001, a los que se les realizó coronariografía al mes, año y cinco años postoperatorios. Comparó 13 pacientes con historia de ACTP con 31 pacientes sin ACTP previo y no obtuvo diferencias significativas en permeabilidad acumulada del injerto con AMI a DA entre los dos grupos (54% en grupo de ACTP y 83% en control). Aunque las diferencias no son significativas concluye que existe una tendencia a menor permeabilidad del injerto con AMI a DA en pacientes con ACTP previa exitosa sobre la DA.

Van den Brule y colaboradores (30) publicaron en 2005 una comparación de 1141 pacientes intervenidos de CRC con 113 pacientes intervenidos de CRC con historia de ICP exitoso previo intervenidos entre 1999 y 2001, empleando la base de datos de cirugía coronaria del *University Medical Centre St. Radboud*, Nijmegen, Holanda. El segundo grupo eran más jóvenes, presentaban mayor incidencia de enfermedad vascular periférica y enfermedad renal y menor incidencia de lesión de TCI. No se obtuvieron diferencias significativas en la incidencia de arritmias, IAM, reintervenciones, complicaciones neurológicas, renales, pulmonares, mortalidad hospitalaria ni estancia hospitalaria entre los dos grupos del estudio. En el seguimiento a un año no se obtuvieron diferencias significativas en mortalidad cardiaca ni eventos: IAM, angina de pecho, prueba de esfuerzo positiva, ICP, reoperación, ICC, arritmias, ACV. En el análisis multivariable la historia de ICP previo exitoso no fue una variable independiente de mortalidad hospitalaria, mortalidad cardiaca ni de eventos cardiacos no fatales.

La Sociedad de Cirugía Cardiotorácica de Gran Bretaña e Irlanda publicó en 2008 el 6º registro nacional de cirugía cardiaca adulta (31), que contiene datos hasta finales de marzo de 2008 de los 55 hospitales que componen el *National Health Service* que practican cirugía cardiaca adulta en Reino Unido. Entre marzo de 2003 y marzo de 2008 recogió datos de 114300 casos de CRC con una mortalidad hospitalaria global de 1,8%. El porcentaje de pacientes con un ICP previo a la CRC ha ido incrementándose con el tiempo, siendo en 2008 justo por encima del 8%, la gran mayoría en un ingreso hospitalario previo (7815 casos). Los pacientes que tienen un ICP en un ingreso hospitalario previo a la CRC tienen similar mortalidad hospitalaria y supervivencia a medio plazo que los que no tienen ICP previo. La mortalidad hospitalaria en los pacientes con ICP previo (en un distinto ingreso) a la CRC fue del 1,8% y en los que no tuvieron historia de ICP (90112 casos) del 1,7%. La estancia hospitalaria postoperatoria media en 2008 fue de 8,3 días en los pacientes con ICP previo (distinto ingreso) y de 8,6 días en los pacientes sin ICP previo. No hubo diferencias en la supervivencia a medio plazo (seguimiento 1825 días) entre los pacientes con ICP previo (distinto ingreso) y sin historia de ICP. La presente publicación es un registro descriptivo, en el que no se realiza análisis estadístico de los datos.

Tran y colaboradores (32) publicaron en 2009 un estudio de 1758 pacientes diabéticos intervenidos de CRC entre 2001 y 2006. Compararon 1537 pacientes intervenidos de CRC sin historia de ICP previo y 221 con historia de ICP previo con implante de *stent*. Los dos grupos presentaban un riesgo según el *Society of Thoracic Surgeons Score* similar. El grupo con historia de ICP presentó un riesgo ajustado mayor de mortalidad operatoria (*odds ratio*, OR: 4,05; 95% intervalo de confianza, IC: 1,41-11,63) y eventos cardiacos mayores (mortalidad operatoria, IAM perioperatorio, BIAC postoperatorio o shock cardiogénico postoperatorio) (OR: 2,72; 95% IC: 1,08-6,85). La supervivencia ajustada para la edad a 2 años fue menor en el grupo con historia de ICP (87,4% frente a 93,4%, p<0,017). En el estudio de

JUSTIFICACIÓN

regresión logística multivariable para mortalidad a 2 años, la historia de ICP no fue un predictor de mortalidad significativo (OR: 1,76; 95% IC: 0,92-3,39).

Yap y colaboradores publicaron en 2009, empleando la base de datos de la Sociedad Australiana de Cirugía Torácica y Cardiovascular, una comparación de 13184 pacientes intervenidos de CRC entre 2001 y 2008. 1457 pacientes tenían historia de ICP previo exitoso y 11727 no tenían historia de ICP previo. Los objetivos del estudio fueron mortalidad hospitalaria, eventos cardiovasculares adversos mayores (mortalidad hospitalaria, IAM o ACV) y supervivencia a medio plazo. Incluyeron las siguientes variables preoperatorios: edad, género, diabetes mellitus, dislipemia, hipertensión arterial, ACV, enfermedad vascular periférica, insuficiencia renal, enfermedad respiratoria, IAM reciente, ICC, angina inestable, clase funcional de la NYHA, presencia de lesión en TCI, grado de disfunción ventricular izquierda, cirugía de urgencia y euroscore. No se obtuvieron diferencias significativas entre los grupos en ningún objetivo. En el estudio de regresión logística la historia de ICP no fue un factor predictor de mortalidad hospitalaria. La supervivencia a 1, 3 y 5 años fue mayor en el grupo con historia de ICP previo, tras ajustar para las características de los pacientes la historia de ICP previo no fue un predictor independiente de mortalidad a medio plazo (33).

2.3.2 El ICP previo es un factor de riesgo de mortalidad en la CRC

Hassan y colaboradores (45) publicaron en 1998 una comparación de 919 pacientes intervenidos de CRC con historia de ICP previo con 5113 pacientes intervenidos de CRC sin ICP previo, operados entre 1996 y 2000 en el *QEII Health Sciences Center*, Halifax, Nueva Escocia y el *Foothills Hospital*, Calgary, Alberta. En el análisis multivariable el ICP previo fue un predictor independiente de mortalidad (OR: 1,93; 95% IC: 1,26-2,96; p=0,003). Al comparar los 919 pacientes intervenidos de CRC con historia de ICP previo con 919 casos parejos sin historia de ICP, obtuvieron mayor mortalidad hospitalaria en el grupo con historia de ICP (3,6% frente a 1,7%, p<0,01).

Gomes y colaboradores (46) publicaron en 2006 una revisión sobre la acción inflamatoria local y sistémica de los *stents* coronarios y sus posibles implicaciones en la CRC y el tratamiento médico de estos pacientes. Sugirieron que la permeabilidad de los injertos coronarios podría verse afectada por la respuesta inflamatoria generada por los *stents* metálicos y liberadores de fármacos.

Thielmann y colaboradores (47) publicaron en 2006 una comparación de tres grupos de pacientes intervenidos de CRC entre 2000 y 2005 en

JUSTIFICACIÓN

el *West German Heart Center*, Essen, Alemania: sin historia de ICP (2626 pacientes, grupo 1), con historia de un ICP (360 pacientes, grupo 2), con historia de dos o más ICP (289 pacientes, grupo 3). En la mayoría de los pacientes el ICP se realizó con *stents* metálicos, pero en el 9% del grupo 2 y el 22% del grupo 3 se habían implantado *stents* liberadores de fármacos. No se obtuvieron diferencias significativas en estancia hospitalaria global ni en cuidados intensivos. Las diferencias entre grupos en mortalidad hospitalaria (2,0% en grupo 1, 3,3% en grupo 2 y 5,9% en grupo 3, p<0,0001) y en eventos cardiacos adversos mayores (IAM perioperatorio, bajo gasto cardiaco, muerte cardiaca o muerte súbita) (5,5% en grupo 1, 6,6% en grupo 2 y 14,1% en grupo 3, p<0,0001) sí fueron significativas. En el análisis de regresión logística multivariable se obtuvo que: presentar historia de dos o más ICP fue un predictor de mortalidad hospitalaria (OR: 2,24; 95% IC: 1,52-3,21; p<0,001) y de eventos cardiacos adversos mayores (OR: 2,28; 95% IC: 1,38-3,59; p<0,001).

Gurbuz y colaboradores (39) publicaron en 2006 un estudio de 591 pacientes intervenidos de CRC sin circulación extracorpórea (CEC) entre 2000 y 2004, presentando historia de ICP previo 192 pacientes. En el estudio de los factores de riesgo el presentar historia de ICP fue un predictor de recurrencia de los síntomas, eventos cardiacos adversos y mortalidad.

Thielmann y colaboradores (40) publicaron en 2007 una comparación entre dos grupos de pacientes diabéticos, intervenidos entre 2000 y 2006 en el *West German Heart Center*, Essen, Alemania, con enfermedad de tres vasos: el grupo 1 (621 pacientes) no tenía historia de ICP previo y el grupo 2 (128 pacientes) sí. El 72% de los pacientes del grupo 2 tenían *stents* metálicos, el 12% eran liberadores de fármacos y el 16% eran metálicos y liberadores de fármacos. Estudiaron como objetivo primario mortalidad hospitalaria y como secundario eventos cardiacos adversos mayores (IAM perioperatorio, bajo gasto cardiaco, muerte cardiaca o muerte súbita). El grupo 2 presentó mayor mortalidad hospitalaria (7,8% frente a 2,9%, p=0,02), mayor incidencia de muerte súbita (2,3% frente a 0,3%, p=0,04), muertes cardiacas (7% frente a 2,1%, p=0,006), IAM perioperatorio (11,7% frente a 6,8%, p=0,02) y mayor estancia en cuidados intensivos (2 días frente a 1, p=0,04). En el análisis de regresión logística multivariable la historia de ICP se asoció de manera independiente con mortalidad hospitalaria (OR: 2,5; 95% IC: 1,3-5,8; p=0,03) y eventos cardiacos adversos mayores (OR: 2,5; 95% IC: 1,2-4,9; p=0,01).

Chocron y colaboradores (41) publicaron en 2008 un subestudio del estudio *Imagine* (48), en el que compararon pacientes intervenidos de CRC con historia de ICP (430 pacientes) y sin historia de ICP previo (2059 pacientes). El objetivo del estudio fue el tiempo hasta ocurrencia

JUSTIFICACIÓN

de: muerte cardiovascular, parada reanimada, IAM, revascularización repetida, angina inestable, ACV o ICC hospitalizada. El grupo con historia de ICP presentó mayor incidencia, significativa, del objetivo del estudio (HR: 1,38; 95% IC: 1,05-1,81). Al ajustar por las características basales los dos grupos no se alteraron los resultados.

Taggart (49) publicó en 2008 una editorial en que comentó los estudios de Chocron (41), Hassan (37) y Thielmann (40). Concluyó que en términos económicos ya existen evidencias de que el ICP en pacientes con enfermedad multivaso no es un tratamiento coste-efectivo. Considera que la principal implicación de que la historia de ICP previo aumente el riesgo de la CRC es que aumenta los datos contrarios a la falsa creencia de que la CRC puede diferirse siempre en favor de una estrategia inicial de ICP en pacientes con enfermedad multivaso, en la que muchos estudios han demostrado la superioridad en supervivencia de la CRC sobre el ICP.

Rao y colaboradores (50) publicaron en 2008 una simulación estadística Markov en la que combina los datos publicados de resultados de CRC tras ICP con la incidencia y calidad de vida asociada con ACV, IAM, revascularización repetida y muerte a diferentes años tras la CRC. Obtuvieron que la historia de ICP afectaba a la supervivencia tras una CRC, especialmente en los dos primeros años.

Carnero y colaboradores (42) publicaron en 2009 una comparación entre pacientes intervenidos de CRC sin CEC entre 2005 y 2008 en el Hospital Clínico San Carlos, Madrid, España: 680 sin historia de ICP y 116 con historia de ICP con implantación de *stent* (62,1% liberadores de fármacos). El grupo con historia de ICP presentó mayor incidencia de IAM postoperatorio (riesgo relativo, RR: 2,19, 95% IC: 1,44-3,31), mortalidad cardiaca (RR: 3,3; 95% IC: 1,49-7,28) y mortalidad por todas las causas (RR: 1,65; 95% IC: 1,17-2,31). No hubo diferencias en los eventos según el tipo de *stent* implantado. Al ajustar los riesgos con las posibles variables de confusión, en un análisis multivariable, se observó que en el grupo con *stent* seguía habiendo un incremento del riesgo de IAM (RR: 3,13; 95% IC: 1,75-5,6; p<0,001), mortalidad cardiaca (RR: 4,26, 95% IC: 1,76-12,11; p=0,002) y mortalidad por todas las causas (RR: 3,65, 95% IC: 1,6-8,34; p=0,002).

Massoudy y colaboradores (43) publicaron en 2009 un estudio multicéntrico de 29928 pacientes intervenidos de CRC, entre 2000 y 2005 en ocho centros de Alemania, que se divide en tres grupos: no historia de ICP (25752 pacientes), un ICP previo (3078 pacientes), dos o más ICP previos (1098 pacientes). En el análisis de regresión logística multivariable el presentar historia de dos o más ICP previos se asoció a mortalidad hospitalaria (OR: 2,02; 95% IC: 1,36-2,99; p=0,0005) y eventos cardiacos adversos mayores (IAM perioperatorio, síndrome de

JUSTIFICACIÓN

bajo gasto cardiaco o mortalidad cardiaca) (OR: 1,51; 95% IC: 1,17-1,93; p=0,0013).

Bonaros y colaboradores (44) publicaron en 2009 un estudio de 306 pacientes intervenidos, entre 2002 y 2007 en *Innsbruck Medical University*, Austria, de CRC con historia de ICP previo, que compararon con una cohorte ajustada por edad, género y factores de riesgo de 452 pacientes sin historia de ICP previo. El grupo con historia de ICP presentó mayor mortalidad a los treinta días (3,3% frente a 1,8%, p<0,001), mayor incidencia de IAM perioperatorios, necesidad de BIAC postoperatorio, requerimiento de transfusión, sangrado y reoperaciones por sangrado, eventos cardiacos mayores (muerte, IAM o revascularización repetida), fallo renal y necesidad de diálisis. Al estudiar un subgrupo de 172 pacientes diabéticos (60 con historia de ICP previo) obtuvieron iguales resultados.

Lazar (51) publicó en 2009 una editorial que comenta los estudios de Tran y colaboradores (32), Bonaros y colaboradores (44) y Massoudy y colaboradores (43). Considera que los *stents* no solo producen una inflamación vascular local sino que estimulan la adhesión de plaquetas y neutrófilos en toda la arteria coronaria, resultando en una disminución de la permeabilidad de los injertos. Además, los injertos coronarios deben anastomosarse más distales en las coronarias, limitando su lecho coronario y permeabilidad y los pacientes que se someten a CRC tras historia de ICP representan un subgrupo con una arteriosclerosis más avanzada. Critica los procedimientos híbridos de CRC e ICP y que en la escala de riesgo de la *Society of Thoracic Surgeons* solo se incluya el ICP de menos de 6 horas antes de la CRC y no la historia de ICP previo como factor de riesgo.

Las guías de revascularización miocárdica publicadas en 2010 por la *European Society of Cardiology* y la *European Association for Cardio-Thoracic Surgery* (52) en su apartado de revascularización electiva tras fallo tardío de ICP previo, escriben, sin hacer referencia a publicaciones concretas, que este fallo tras ICP se debe mayoritariamente a reestenosis y ocasionalmente a trombosis muy tardía de un *stent*. Las reestenosis significativas suelen ser tratadas mediante nuevos ICP, pero los pacientes con angina intolerable o isquemia pueden requerir CRC, especialmente si presentan una anatomía desfavorable para ICP, progresión de la enfermedad en otros vasos o reestenosis repetidas. La diabetes, el número de vasos enfermos, el tipo y localización de las lesiones y revascularizaciones incompletas mediante ICP se han identificado como factores de riesgo para CRC tras ICP. Para tratar vasos reestenosados comentan que se deben emplear preferentemente injertos arteriales. El riesgo operatorio de la CRC puede estar incrementado comparado con la CRC sin ICP previo y el implante de *stents* puede obligar a realizar los injertos más distales, con peores resultados.

2.4 **JUSTIFICACIÓN**

La CRC continúa siendo el tratamiento de elección de la EAC en un grupo amplio de pacientes, como se ha expuesto previamente, no obstante el ICP se ha establecido como tratamiento de primera línea en el mismo grupo de pacientes. Esto ha provocado que un porcentaje de pacientes se intervengan de CRC con historia de ICP exitoso previo. Diversos estudios y registros, expuestos en el punto 3.3, han pretendido demostrar que el ICP previo es un factor de riesgo de mortalidad en la CRC. Los datos han sido contradictorios entre los artículos y muchas de las series han sido pequeñas.

Ante las dos posibles teorías expuestas, mayor o menor mortalidad en CRC con o sin ICP exitoso previo, es necesario un análisis amplio y profundo, con bases de datos clínico-administrativas, con un número importante de casos en un periodo largo de tiempo. En el presente estudio se pretende realizar este análisis.

3 METODOLOGÍA

3.1 OBJETIVOS

3.1.1 Objetivo principal

Analizar si existe una mayor mortalidad hospitalaria en pacientes intervenidos de CRC con historia de ICP previo (en distinto ingreso) frente a los que no tienen antecedentes de ICP.

3.1.2 Objetivos secundarios

1. Analizar si existen diferencias en mortalidad hospitalaria por grupos de edades en pacientes intervenidos de CRC con ICP previo (en distinto ingreso) frente a los que no tienen antecedentes de ICP.

    Grupos de edades: menores 50 años, 50-59 años, 60-69 años, 70-79 años, 80 o más años.

2. Analizar si existen diferencias en mortalidad hospitalaria por géneros en pacientes intervenidos de CRC con ICP previo (en

distinto ingreso) frente a los que no tienen antecedentes de ICP.

3. Analziar si existen diferencias en mortalidad hospitalaria por años desde 1997 hasta 2007 en pacientes intervenidos de CRC con ICP previo (en distinto ingreso) frente a los que no tienen antecedentes de ICP.

4. Analizar si existen diferencias en mortalidad hospitalaria en pacientes diabéticos (como subgrupo de alto riesgo) intervenidos de CRC con ICP previo (en distinto ingreso) frente a los que no tienen antecedentes de ICP.

3.2 POBLACIÓN OBJETO DE ESTUDIO. SELECCIÓN DE PACIENTES

Se empleará como muestra la población española intervenida de CRC y recogida en la base de datos del Instituto de Información Sanitaria del MSPSI desde el año 1997 hasta el 2007.

Para la realización del estudio se solicitó al MSPSI las bases de datos de los años 1997-2007 con los pacientes intervenidos de CRC, que corresponde a los códigos de la Clasificación Internacional de

Enfermedades (CIE-9-MC): 36.1, 36.10, 36.11, 36.12, 36.13, 36.14, 36.15, 36.16, 36.17, 36.19 (53).

3.2.1 Criterios de inclusión

Pacientes de ambos géneros intervenidos de CRC (CIE-9-MC 36.1) (53) en España, recogidos en la base de datos del MSPSI.

3.2.2 Criterios de exclusión

1. Pacientes que en la base de datos del MSPSI se codifican el tipo de alta como desconocida o no codificada.
2. Pacientes intervenidos de cirugía cardiaca previa. Se indican los códigos CIE-9_MC (53) con que se codifican las variables CRC previa y cirugía valvular previa del estudio en la base datos del MSPSI.
   - CRC previa.
     - V45.81 Estado de derivación aortocoronaria.
   - Cirugía valvular previa.
     - V43.3 Órgano o tejido sustituido por otro medio. Válvula cardiaca.

METODOLOGÍA

3. Pacientes que se intervienen de cirugía combinada coronaria con valvular. Se indican los códigos CIE-9_MC (53) con que se codifican la variable cirugía valvular del estudio en la base datos del MSPSI.

- o 35.1 Valvuloplastia cardiaca abierta sin sustitución valvular. Incluye: valvulotomía cardiaca.
    - 35.10 Valvuloplastia cardiaca abierta sin sustitución, válvula no especificada.
    - 35.11 Valvuloplastia cardiaca abierta de válvula aórtica sin sustitución.
    - 35.12 Valvuloplastia cardiaca abierta de válvula mitral sin sustitución.
    - 35.13 Valvuloplastia cardiaca abierta de válvula pulmonar sin sustitución.
    - 35.14 Valvuloplastia cardiaca abierta de válvula tricúspide sin sustitución.
- o 35.2 Sustitución de válvula cardiaca. Incluye: escisión de válvula cardiaca con sustitución.
    - 35.20 Sustitución de válvula cardiaca no especificada. Reparación de válvula cardiaca

no especificada con injerto de tejido o implante protésico.

- 35.21 Sustitución de válvula aórtica con injerto de tejido. Reparación de válvula aórtica con injerto de tejido (autoinjerto) (heteroinjerto) (homoinjerto).

- 35.22 Otra sustitución de válvula aórtica. Reparación de válvula aórtica con sustitución: protésica (parcial) (sintética) (total).

- 35.23 Sustitución de válvula mitral con injerto de tejido. Reparación de válvula mitral con injerto de tejido (autoinjerto) (heteroinjerto) (homoinjerto).

- 35.24 Otra sustitución de válvula mitral. Reparación de válvula mitral con sustitución: protésica (parcial) (sintética) (total).

- 35.25 Sustitución de válvula pulmonar con injerto de tejido. Reparación de válvula pulmonar con injerto de tejido (autoinjerto) (heteroinjerto) (homoinjerto).

METODOLOGÍA

- 35.26 Otra sustitución de válvula pulmonar. Reparación de válvula pulmonar con sustitución: protésica (parcial) (sintética) (total).

- 35.27 Sustitución de válvula tricúspide con injerto de tejido. Reparación de válvula tricúspide con injerto de tejido (autoinjerto) (heteroinjerto) (homoinjerto).

- 35.28 Otra sustitución de válvula tricúspide. Reparación de válvula tricúspide con sustitución: protésica (parcial) (sintética) (total).

- 35.3 Operaciones sobre estructuras adyacentes a las válvulas cardiacas.

  - 35.31 Operaciones sobre músculo papilar. División. Reimplantación. Reparación de músculo papilar.

  - 35.32 Operaciones sobre cuerdas tendinosas. División. Reparación de cuerdas tendinosas.

  - 35.33 Anuloplastia. Plicatura de anillo.

- 35.34 Infundibulectomía. Infundibulectomía ventricular derecha.

- 35.35 Operaciones sobre trabéculas del corazón. División. Escisión de trabéculas carnosas del corazón. Escisión de anillo subvalvular aórtico.

- 35.39 Operaciones sobre otras estructuras adyacentes a las válvulas cardiacas. Reparación del seno de Valsalva (aneurisma).

4. Pacientes que se intervienen de cirugía combinada coronaria con aorta ascendente. Se indica el código CIE-9_MC (53) con que se codifica la variable sustitución de aorta ascendente del estudio en la base datos del MSPSI.

   o 38.4 Resección de vaso con sustitución.

      - 38.45 Vasos torácicos.

5. Pacientes que se realizaron el ICP previo en el mismo ingreso que la cirugía coronaria.

Los episodios de pacientes que cumplieron todos los criterios de inclusión y ninguno de exclusión fueron incluidos en el estudio.

3.3 DISEÑO DEL ESTUDIO

Estudio analítico observacional retrospectivo, en el que se compararán dos grupos:

1. Grupo de estudio: pacientes intervenidos de CRC con historia de ICP previo en distinto ingreso (CIE-9-MC: V45.82) (53).

2. Grupo control: pacientes intervenidos de CRC sin historia de ICP previo.

3.4 VARIABLES

Las variables se seleccionaron basándose en la relevancia conocida de estudios previos y la capacidad de discriminar los factores de riesgo usando los códigos disponibles recogidos en la base de datos del MSPSI (9, 10, 54, 55). Se indican los códigos CIE-9_MC (53) con que se codifican las variables del estudio en la base datos del MSPSI.

3.4.1 Variable principal

- **Mortalidad hospitalaria**. Codificada en el tipo de alta en la base de datos del MSPSI como fallecimiento. Los pacientes que se codifican el tipo de alta como desconocida o no codificada se han excluidos (criterio de exclusión).

3.4.2 Variables secundarias

- **Edad**. Expresada en años. Se recodifica en cinco variables de acuerdo con los objetivos del estudio:
    - Menores 50 años. Sí o no.
    - 50-59 años. Sí o no.
    - 60-69 años. Sí o no.
    - 70-79 años. Sí o no.
    - 80 o más años. Sí o no.
- **Género**. Hombre o mujer.
- **Año de la cirugía**: desde el año 1997 hasta el 2007, ambos inclusive. Se recodifica en dos variables de acuerdo con la mediana de la serie (año 2002), y que coincide con el inicio en la implantación de los *stents* liberadores de fármacos en 2003 (9).
    - 1997 al 2002. Sí o no.
    - 2003 al 2007. Sí o no.

METODOLOGÍA

- **Estancia hospitalaria preoperatorio**: entre la fecha de ingreso y la fecha de intervención. Expresada en días. Se recodifica en una variable dicotómica de acuerdo con la mediana de la serie (6 días), estando el 49,4% de pacientes de la serie entre 0 y 5 días.

    o Estancia hospitalaria preoperatoria mayor de 5 días. Sí o no.

- **Estancia hospitalaria postoperatoria**: entre la fecha de intervención y la fecha de alta. Expresada en días.

- **Estancia hospitalaria global**: entre la fecha de ingreso y la fecha de alta. Expresada en días.

- **Coste**: coste hospitalario del ingreso para CRC. Expresado en euros.

- **ICP previo**. Sí o no.

    o V45.82 Estado de ACTP.

- **Tipo de ingreso**. Programado o urgente.

- **Cirugía urgente**: ingreso urgente con cirugía el día de admisión. Sí o no.

- **Diabetes mellitus**. Sí o no.

- 250 Diabetes mellitus.

- 250.0 Diabetes mellitus sin mención de complicación o manifestación clasificable bajo 250.1-250.9.
  - 250.00 Tipo II o de tipo no especificado, no establecida como incontrolada.
  - 250.01 Tipo I (tipo juvenil), no indicada como incontrolada.
  - 250.02 Tipo II o de tipo no especificado, incontrolada.
  - 250.03 Tipo I (tipo juvenil), incontrolada.

- 250.1 Diabetes con cetoacidosis: acidosis diabética, cetosis diabética, sin mención de coma.
  - 250.10 Tipo II o de tipo no especificado, no establecida como incontrolada.
  - 250.11 Tipo I (tipo juvenil), no indicada como incontrolada.
  - 250.12 Tipo II o de tipo no especificado, incontrolada.
  - 250.13 Tipo I (tipo juvenil), incontrolada.

METODOLOGÍA

- 250.2 Diabetes con hiperosmolaridad. Coma (no cetósico) hiperosmolar.
  - 250.20 Tipo II o de tipo no especificado, no establecida como incontrolada.
  - 250.21 Tipo I (tipo juvenil), no indicada como incontrolada.
  - 250.22 Tipo II o de tipo no especificado, incontrolada.
  - 250.23 Tipo I (tipo juvenil), incontrolada.
- 250.3 Diabetes con otro tipo de coma. Coma diabético (con cetoacidosis). Coma diabético hipoglucémico. Coma insulínico.
  - 250.30 Tipo II o de tipo no especificado, no establecida como incontrolada.
  - 250.31 Tipo I (tipo juvenil), no indicada como incontrolada.
  - 250.32 Tipo II o de tipo no especificado, incontrolada.
  - 250.33 Tipo I (tipo juvenil), incontrolada.

- o 250.4 Diabetes con manifestaciones renales.
    - 250.40 Tipo II o de tipo no especificado, no establecida como incontrolada.
    - 250.41 Tipo I (tipo juvenil), no indicada como incontrolada.
    - 250.42 Tipo II o de tipo no especificado, incontrolada.
    - 250.43 Tipo I (tipo juvenil), incontrolada.
- o 250.5 Diabetes con manifestaciones oftálmicas.
    - 250.50 Tipo II o de tipo no especificado, no establecida como incontrolada.
    - 250.51 Tipo I (tipo juvenil), no indicada como incontrolada.
    - 250.52 Tipo II o de tipo no especificado, incontrolada.
    - 250.53 Tipo I (tipo juvenil), incontrolada.
- o 250.6 Diabetes con manifestaciones neurológicas.
    - 250.60 Tipo II o de tipo no especificado, no establecida como incontrolada.

METODOLOGÍA

- 250.61 Tipo I (tipo juvenil), no indicada como incontrolada.
- 250.62 Tipo II o de tipo no especificado, incontrolada.
- 250.63 Tipo I (tipo juvenil), incontrolada.

o 250.7 Diabetes con trastornos circulatorios periféricos.

- 250.70 Tipo II o de tipo no especificado, no establecida como incontrolada.
- 250.71 Tipo I (tipo juvenil), no indicada como incontrolada.
- 250.72 Tipo II o de tipo no especificado, incontrolada.
- 250.73 Tipo I (tipo juvenil), incontrolada.

o 250.8 Diabetes con otras manifestaciones especificadas. Hipoglucemia diabética. Shock hipoglucémico.

- 250.80 Tipo II o de tipo no especificado, no establecida como incontrolada.

- 250.81 Tipo I (tipo juvenil), no indicada como incontrolada.

- 250.82 Tipo II o de tipo no especificado, incontrolada.

- 250.83 Tipo I (tipo juvenil), incontrolada.

○ 250.9 Diabetes con complicación no especificada.

- 250.90 Tipo II o de tipo no especificado, no establecida como incontrolada.

- 250.91 Tipo I (tipo juvenil), no indicada como incontrolada.

- 250.92 Tipo II o de tipo no especificado, incontrolada.

- 250.93 Tipo I (tipo juvenil).

- **Dislipemia**. Sí o no.

  ○ 272 Trastornos del metabolismo lipoide.

  ○ 272.0 Hipercolesterolemia pura. Hiperbetalipoproteinemia. Hipercolesterolemia familiar. Hiperlipemia, grupo A.

METODOLOGÍA

Hiperlipoproteinemia de baja densidad tipo lipoide (LDL). Hiperlipoproteinemia de Fredickson tipo IIa.

- 272.1 Hipertrigliceridemia. Hipergliceridemia endógena. Hiperlipidemia, grupo B. Hiperlipoproteinemia de Fredrickson tipo IV. Hiperlipoproteinemia de muy baja densidad tipo lipoide (VLDL). Hiperprebetalipoproteinemia. Hipertrigliceridemia, esencial.

- 272.2 Hiperlipidemias mixtas. Betalipoproteinemia ancha o flotante. Hiperbetalipoproteinemia con prebetalipoproteinemia. Hipercolesterolemia con hipergliceridemia endógena. Hiperlipoproteinemia de Fredrickson tipo IIb o tipo III. Xantoma tuberoso. Xantoma túbero-eruptivo.

- 272.3 Hiperquilomicronemia. Hipergliceridemia mixta. Hiperlipidemia, grupo D. Hiperlipoproteinemia de Fredrickson tipo I o tipo V. Síndrome de Bürger Grütz.

- 272.4 Otras hiperlipidemias y lipidemias no especificadas. Alfalipoproteinemia. Hiperlipidemia combinada. Hiperlipidemia. Hiperlipoproteinemia.

- **Hipertensión arterial.** Sí o no.

  o 401 Hipertensión esencial. Incluye: hiperpiesia, hiperpiesis, hipertensión (arterial) (esencial) (primaria) (sistémica), enfermedad hipertensiva vascular, tensión arterial.

    - 401.0 Maligna.
    - 401.1 Benigna.
    - 401.9 No especificada.

- **Tabaquismo.** Sí o no.

  o 305.1 Trastorno por consumo de tabaco. Dependencia de tabaco.

  o V15.82 Historia de consumo de tabaco.

- **IAM antiguo.** Sí o no.

  o 412 Infarto de miocardio antiguo. Infarto de miocardio cicatrizado. Infarto antiguo de miocardio diagnosticado por electrocardiograma (ECG) o mediante otra investigación especial, pero que actualmente no presenta ningún síntoma.

- **Fibrilación y flutter auricular.** Sí o no.

METODOLOGÍA

- o 427.3 Fibrilación y flutter auricular.
  - 427.31 Fibrilación auricular.
  - 427.32 Flutter auricular.
- **EPOC**. Sí o no.
  - o 491 Bronquitis crónica.
    - 491.0 Bronquitis crónica simple. Bronquitis catarral crónica. Tos del fumador.
    - 491.2 Bronquitis crónica obstructiva. Bronquitis enfisematosa, obstructiva (crónica) (difusa). Bronquitis con: enfisema, obstrucción de las vías respiratorias.
      - 491.20 Sin exacerbación.
- **Insuficiencia renal crónica**. Sí o no.
  - o 585 Nefropatía crónica.
    - 585.1 Nefropatía crónica, estadio I.
    - 585.2 Nefropatía crónica, estadio II (leve).
    - 585.3 Nefropatía crónica, estadio III (moderada).

- 585.4 Nefropatía crónica, estadio IV (grave).

- 585.5 Nefropatía crónica, estadio V.

- 585.6 Fase terminal de enfermedad renal. Enfermedad renal crónica que requiere diálisis crónica.

- 585.9 Nefropatía crónica, no especificada. Enfermedad renal crónica. Fallo renal crónico. Insuficiencia renal crónica.

  o 586 Fallo renal no especificado (Insuficiencia renal no especificada). Uremia.

  o 39.95 Hemodiálisis. Diálisis renal. Hemodialfiltración. Hemofiltración. Riñón artificial.

  o 54.98 Diálisis peritoneal.

- **ICC**. Sí o no.

  o 428 Insuficiencia cardiaca.

    - 428.0 ICC, no especificada.

    - 428.1 Insuficiencia cardiaca izquierda. Asma cardiaca. Edema agudo de pulmón.

METODOLOGÍA

>   Edema pulmonar agudo. Insuficiencia ventricular izquierda
>
>   - 428.9 Fallo cardiaco no especificado. Corazón débil. Fallo cardíaco. Fallo del corazón. Fallo del miocardio.

- **Enfermedad vascular periférica**. Sí o no.
  - 440 Aterosclerosis. Incluye: arteriosclerosis (obliterante) (senil), arterioloesclerosis, ateroma, degeneración: arterial, arteriovascular, vascular, endarteritis deformante u obliterante, enfermedad vascular arterioesclerótica, arteritis, endarteritis.
    - 440.0 De la aorta.
    - 440.1 De arteria renal.
    - 440.2 De arterias nativas de las extremidades.
      - 440.20 Aterosclerosis de las extremidades, no especificada.
      - 440.21 Aterosclerosis de las extremidades con claudicación intermitente.

- 440.22 Aterosclerosis de las extremidades con dolor de reposo.
- 440.23 Aterosclerosis de las extremidades con ulceración.
- 440.24 Aterosclerosis de las extremidades con gangrena.
- 440.29 Otra.

  ▪ 440.3 De injerto de las extremidades.
  - 440.30 De injerto no especificado.
  - 440.31 De injerto de vena autóloga.
  - 440.32 De injerto biológico no autólogo.

  ▪ 440.8 De otras arterias especificadas.

  ▪ 440.9 Aterosclerosis generalizada y aterosclerosis no especificada. Enfermedad vascular arteriosclerótica.

o 441.2 Aneurisma torácico sin mención de rotura.

o 441.4 Aneurisma abdominal sin mención de rotura.

METODOLOGÍA

- 441.7 Aneurisma toracoabdominal sin mención de rotura.

- 441.9 Aneurisma aórtico de sitio no especificado sin mención de rotura. Aneurisma. Dilatación. Necrosis hialina de aorta.

- 443.1 Tromboangeitis obliterante, enfermedad de Buerger.

- 443.9 Enfermedad vascular periférica no especificada. Claudicación intermitente.

- 447.1 Estrechamiento de arteria. Enfermedad oclusiva arterial.

- 557.1 Insuficiencia vascular crónica del intestino. Angina abdominal. Colitis, enteritis o enterocolitis isquémica crónica. Estenosis isquémica del intestino. Angina mesentérica. Insuficiencia vascular mesentérica. Síndrome de la arteria (superior) mesentérica.

- 557.9 Insuficiencia vascular no especificada del intestino. Colitis, enteritis o enterocolitis isquémica. Dolor digestivo por insuficiencia vascular.

- V43.4 Órgano o tejido sustituido por otro medio. Vaso sanguíneo.

- **Enfermedad cerebrovascular**. Sí o no.

  - 430 Hemorragia subaracnoidea. Hemorragia meníngea. Ruptura de: aneurisma cerebral (congénito), aneurisma cerebral saculado.

  - 431 Hemorragia intracerebral. Hemorragia de: basilar, bulbar, cápsula interna, cerebelosa, cerebral, cerebromeníngea, cortical, intrapontina, pontica, subcortical, ventricular. Ruptura de vaso sanguíneo en cerebro.

  - 432 Otra hemorragia intracraneal y hemorragia intracraneal no especificada.

    - 432.0 Hemorragia extradural no traumática. Hemorragia epidural no traumática.

    - 432.1 Hemorragia subdural. Hematoma subdural, no traumático.

    - 432.9 Hemorragia intracraneal no especificada. Hemorragia intracraneal.

  - 433 Oclusión y estenosis de las arterias precerebrales.

METODOLOGÍA

- 433.0 Arteria basilar.
  - 433.00 Sin mención de infarto cerebral.
  - 433.01 Con infarto cerebral.
- 433.1 Arteria carótida.
  - 433.10 Sin mención de infarto cerebral.
  - 433.11 Con infarto cerebral.
- 433.2 Arteria vertebral.
  - 433.20 Sin mención de infarto cerebral.
  - 433.21 Con infarto cerebral.
- 433.3 Múltiple y bilateral.
  - 433.30 Sin mención de infarto cerebral.
  - 433.31 Con infarto cerebral.
- 433.8 Otra arteria precerebral especificada.

- 433.80 Sin mención de infarto cerebral.

- 433.81 Con infarto cerebral.

- 433.9 Arteria precerebral no especificada.

  - 433.90 Sin mención de infarto cerebral.

  - 433.91 Con infarto cerebral.

- 434 Oclusión de arterias cerebrales.

  - 434.0 Trombosis cerebral.

    - 434.00 Sin mención de infarto cerebral.

    - 434.01 Con infarto cerebral.

  - 434.1 Embolia cerebral.

    - 434.10 Sin mención de infarto cerebral.

    - 434.11 Con infarto cerebral.

  - 434.9 Oclusión de arteria cerebral no especificada.

METODOLOGÍA

- 434.90 Sin mención de infarto cerebral.
- 434.91 Con infarto cerebral.

o 435 Isquemia cerebral transitoria. Incluye: espasmo de arterias cerebrales, insuficiencia cerebrovascular (aguda) con signos y síntomas neurológicos focales transitorios, insuficiencia de las arterias, basilar, carótida y vertebral.

- 435.0 Síndrome de la arteria basilar.
- 435.1 Síndrome de la arteria vertebral.
- 435.2 Síndrome de robo de la subclavia.
- 435.3 Síndrome de la arteria vertebrobasilar.
- 435.8 Otras isquemias cerebrales transitorias especificadas.
- 435.9 Isquemia cerebral transitoria no especificada. ACV evolutivo. Ataque isquémico transitorio. Isquemia cerebral intermitente.

o 436 Enfermedad cerebrovascular aguda mal definida. Apoplejía, apopléctico. Convulsión cerebral.

- 437 Otra enfermedad cerebrovascular y enfermedad cerebrovascular mal definida.
    - 437.0 Aterosclerosis cerebral. Arteriosclerosis cerebral. Ateroma de arterias cerebrales.
    - 437.1 Otra enfermedad cerebrovascular isquémica generalizada. Insuficiencia cerebrovascular aguda. Isquemia cerebral (crónica).
    - 437.3 Aneurisma cerebral, no roto. Arteria carótida interna, zona intracraneal. Arteria carótida interna.
    - 437.5 Enfermedad Moyamoya.
    - 437.6 Trombosis no piógena de seno venoso intracraneal.
    - 437.7 Amnesia global transitoria.
    - 437.8 Otros.
    - 437.9 No especificada. Enfermedad cerebrovascular o lesión.

METODOLOGÍA

- 438 Efectos tardíos de enfermedad cerebrovascular. Los "efectos tardíos" incluyen estados o enfermedades especificados como tales, o como secuelas y debieron ocurrir después del inicio de la enfermedad causal.

  - 438.0 Deficiencias cognitivas.
  - 438.1 Defectos del habla y del lenguaje.
    - 438.10 Defectos del habla y del lenguaje, sin especificar.
    - 438.11 Afasia.
    - 438.12 Disfasia.
    - 438.19 Otros defectos del habla y del lenguaje.
  - 438.2 Hemiplejía/hemiparesia.
    - 438.20 Hemiplejía afectando a un lado no especificado.
    - 438.21 Hemiplejía afectando al lado dominante.
    - 438.22 Hemiplejía afectando al lado no dominante.

- 438.3 Monoplejía de extremidad superior.

  - 438.30 Monoplejía de extremidad superior afectando a un lado no especificado.

  - 438.31 Monoplejía de extremidad superior afectando al lado dominante.

  - 438.32 Monoplejía de extremidad superior afectando al lado no dominante.

- 438.4 Monoplejía de extremidad inferior.

  - 438.40 Monoplejía de extremidad inferior afectando a un lado no especificado.

  - 438.41 Monoplejía de extremidad inferior afectando al lado dominante.

  - 438.42 Monoplejía de extremidad inferior afectando al lado no dominante.

METODOLOGÍA

- 438.5 Otros síndromes paralíticos.
  - 438.50 Otros síndromes paralíticos afectando a un lado no especificado.
  - 438.51 Otros síndromes paralíticos afectando al lado dominante.
  - 438.52 Otros síndromes paralíticos afectando al lado no dominante.
  - 438.53 Otro síndrome paralítico, bilateral.
- 438.6 Alteración de la sensibilidad.
- 438.7 Trastornos de la visión.
- 438.8 Otros efectos tardíos de enfermedad cerebrovascular.
  - 438.81 Apraxia.
  - 438.82 Disfagia.
  - 438.83 Debilidad facial.
  - 438.84 Ataxia.
  - 438.85 Vértigo.

- 438.89 Otros efectos tardíos de enfermedad cerebrovascular.
- 438.9 Efectos tardíos no especificados de enfermedades cerebrovasculares.

- **IAM presente en ingreso**. Sí o no.
  - 410 IAM. Infarto de miocardio con elevación de ST (IMEST) (STEMI) y sin elevación de ST (IMNEST) (NSTEMI) Incluye: coronaria (arteria): embolismo, oclusión, rotura, trombosis; infarto cardiaco; infarto de corazón, miocardio o ventrículo; rotura de corazón, miocardio o ventrículo; cualquier enfermedad clasificable bajo 414.1-414.9 y especificada como aguda o con una duración declarada de ocho semanas o menos.
    - 410.0 De la pared anterolateral. Infarto de miocardio con elevación de ST (IMEST) (STEMI) de pared anterolateral.
      - 410.00 Episodio de atención no especificado. Empléese cuando la fuente documental no proporcione

METODOLOGÍA

información suficiente para la asignación del quinto dígito 1 ó 2.

- 410.01 Episodio de atención inicial. Empléese para designar la fase aguda de la atención (independientemente de la ubicación del tratamiento) de un nuevo episodio de infarto de miocardio. El quinto dígito 1 se asignará con independencia de las veces que el paciente sea visto en uno u otro centro siempre que sea durante el episodio de cuidados inicial (dentro de las primeras ocho semanas).

- 410.02 Episodio de atención subsiguiente. Empléese para designar un episodio de cuidados a continuación del episodio inicial cuando el paciente es ingresado para observación, evaluación o tratamiento de un infarto de miocardio que ya ha recibido tratamiento inicial, pero está todavía dentro de las ocho semanas siguientes.

- 410.1 De otra pared anterior. Infarto: anterior, anteroapical, anteroseptal, con porción contigua del tabique interventricular. Infarto de miocardio con elevación de ST (IMEST) (STEMI) de otra pared anterior.

    - 410.10 Episodio de atención no especificado. Empléese cuando la fuente documental no proporcione información suficiente para la asignación del quinto dígito 1 ó 2.

    - 410.11 Episodio de atención inicial. Empléese para designar la fase aguda de la atención (independientemente de la ubicación del tratamiento) de un nuevo episodio de infarto de miocardio. El quinto dígito 1 se asignará con independencia de las veces que el paciente sea visto en uno u otro centro siempre que sea durante el episodio de cuidados inicial (dentro de las primeras ocho semanas).

- 410.12 Episodio de atención subsiguiente. Empléese para designar un episodio de cuidados a continuación del episodio inicial cuando el paciente es ingresado para observación, evaluación o tratamiento de un infarto de miocardio que ya ha recibido tratamiento inicial, pero está todavía dentro de las ocho semanas siguientes.

- 410.2 De la pared inferolateral. Infarto de miocardio con elevación de ST (IMEST) (STEMI) de la pared inferolateral.

- 410.20 Episodio de atención no especificado. Empléese cuando la fuente documental no proporcione información suficiente para la asignación del quinto dígito 1 ó 2.

- 410.21 Episodio de atención inicial. Empléese para designar la fase aguda de la atención (independientemente de la ubicación del tratamiento) de un nuevo episodio de infarto de miocardio. El quinto dígito 1 se asignará con independencia de las veces que el paciente sea visto en uno u otro centro siempre que sea durante el episodio de cuidados inicial (dentro de las primeras ocho semanas).

- 410.22 Episodio de atención subsiguiente. Empléese para designar un episodio de cuidados a

METODOLOGÍA

continuación del episodio inicial cuando el paciente es ingresado para observación, evaluación o tratamiento de un infarto de miocardio que ya ha recibido tratamiento inicial, pero está todavía dentro de las ocho semanas siguientes.

- 410.3 De la pared inferoposterior. Infarto de miocardio con elevación de ST (IMEST) (STEMI) de la pared inferoposterior.

  - 410.30 Episodio de atención no especificado. Empléese cuando la fuente documental no proporcione información suficiente para la asignación del quinto dígito 1 ó 2.

  - 410.31 Episodio de atención inicial. Empléese para designar la fase aguda de la atención (independientemente de la ubicación del tratamiento) de un nuevo episodio de infarto de miocardio. El quinto dígito 1 se asignará con independencia de las veces que el paciente sea visto en uno u otro centro siempre que sea durante el episodio de cuidados inicial (dentro de las primeras ocho semanas).

- 410.32 Episodio de atención subsiguiente. Empléese para designar un episodio de cuidados a continuación del episodio inicial cuando el paciente es ingresado para observación, evaluación o tratamiento de un infarto de miocardio que ya ha recibido tratamiento inicial, pero está todavía dentro de las ocho semanas siguientes.

- 410.4 De otra pared inferior. Infarto: inferior, pared diafragmática. Infarto de miocardio con elevación de ST (IMEST) (STEMI) de otra pared inferior.

- 410.40 Episodio de atención no especificado. Empléese cuando la fuente documental no proporcione información suficiente para la asignación del quinto dígito 1 ó 2.

- 410.41 Episodio de atención inicial. Empléese para designar la fase aguda de la atención (independientemente de la ubicación del tratamiento) de un nuevo episodio de infarto de miocardio. El quinto dígito 1 se asignará con independencia de las veces que el paciente sea visto en uno u otro centro siempre que sea durante el episodio de cuidados inicial (dentro de las primeras ocho semanas).

- 410.42 Episodio de atención subsiguiente. Empléese para designar un episodio de cuidados a continuación del episodio inicial cuando el paciente es ingresado para observación, evaluación o tratamiento de un infarto de miocardio que ya ha recibido tratamiento inicial, pero está todavía dentro de las ocho semanas siguientes.

- 410.5 De otra pared lateral. Infarto: apico-lateral, basal-lateral, lateral alto, posterolateral. Infarto de miocardio con elevación de ST (IMEST) (STEMI) de otra pared lateral.

  - 410.50 Episodio de atención no especificado. Empléese cuando la fuente documental no proporcione información suficiente para la asignación del quinto dígito 1 ó 2.

METODOLOGÍA

- 410.51 Episodio de atención inicial. Empléese para designar la fase aguda de la atención (independientemente de la ubicación del tratamiento) de un nuevo episodio de infarto de miocardio. El quinto dígito 1 se asignará con independencia de las veces que el paciente sea visto en uno u otro centro siempre que sea durante el episodio de cuidados inicial (dentro de las primeras ocho semanas).

- 410.52 Episodio de atención subsiguiente. Empléese para designar un episodio de cuidados a continuación del episodio inicial cuando el paciente es ingresado para observación, evaluación o tratamiento de un infarto de miocardio que ya ha recibido tratamiento inicial, pero está todavía dentro de las ocho semanas siguientes.

- 410.6 Infarto de pared posterior verdadero. Infarto: estrictamente posterior, posterobasal. Infarto de miocardio con elevación de ST (IMEST) (STEMI) de pared posterior verdadero.

  - 410.60 Episodio de atención no especificado. Empléese cuando la fuente documental no proporcione información suficiente para la asignación del quinto dígito 1 ó 2.

  - 410.61 Episodio de atención inicial. Empléese para designar la fase aguda de la atención (independientemente de la ubicación del tratamiento) de un nuevo episodio de infarto de miocardio. El quinto dígito 1 se asignará con independencia de las veces que el paciente sea visto en

METODOLOGÍA

uno u otro centro siempre que sea durante el episodio de cuidados inicial (dentro de las primeras ocho semanas).

- 410.62 Episodio de atención subsiguiente. Empléese para designar un episodio de cuidados a continuación del episodio inicial cuando el paciente es ingresado para observación, evaluación o tratamiento de un infarto de miocardio que ya ha recibido tratamiento inicial, pero está todavía dentro de las ocho semanas siguientes.

- 410.7 Infarto subendocárdico. Infarto no transmural. Infarto de miocardio sin elevación de ST (IMNEST) (NSTEMI).

    - 410.70 Episodio de atención no especificado. Empléese cuando la fuente documental no proporcione información suficiente para la asignación del quinto dígito 1 ó 2.

- 410.71 Episodio de atención inicial. Empléese para designar la fase aguda de la atención (independientemente de la ubicación del tratamiento) de un nuevo episodio de infarto de miocardio. El quinto dígito 1 se asignará con independencia de las veces que el paciente sea visto en uno u otro centro siempre que sea durante el episodio de cuidados inicial (dentro de las primeras ocho semanas).

- 410.72 Episodio de atención subsiguiente. Empléese para designar un episodio de cuidados a continuación del episodio inicial cuando el paciente es ingresado para observación, evaluación o tratamiento de un infarto de miocardio que ya ha recibido tratamiento inicial, pero está todavía dentro de las ocho semanas siguientes.

- 410.8 De otros sitios especificados. Infarto de: aurícula, músculo papilar, tabique aislado. Infarto de miocardio con elevación de ST (IMEST) (STEMI) de otros sitios especificados.

  - 410.80 Episodio de atención no especificado. Empléese cuando la fuente documental no proporcione información suficiente para la asignación del quinto dígito 1 ó 2.

  - 410.81 Episodio de atención inicial. Empléese para designar la fase aguda de la atención (independientemente de la ubicación del tratamiento) de un nuevo episodio de infarto de miocardio. El quinto dígito 1 se asignará con independencia de las veces que el paciente sea visto en uno u otro centro siempre que sea durante el episodio de cuidados inicial (dentro de las primeras ocho semanas).

- 410.82 Episodio de atención subsiguiente. Empléese para designar un episodio de cuidados a continuación del episodio inicial cuando el paciente es ingresado para observación, evaluación o tratamiento de un infarto de miocardio que ya ha recibido tratamiento inicial, pero está todavía dentro de las ocho semanas siguientes.

- 410.9 Sitio no especificado. IAM. Infarto de miocardio. Oclusión coronaria.

METODOLOGÍA

- 410.90 Episodio de atención no especificado. Empléese cuando la fuente documental no proporcione información suficiente para la asignación del quinto dígito 1 ó 2.

- 410.91 Episodio de atención inicial. Empléese para designar la fase aguda de la atención (independientemente de la ubicación del tratamiento) de un nuevo episodio de infarto de miocardio. El quinto dígito 1 se asignará con independencia de las veces que el paciente sea visto en uno u otro centro siempre que sea durante el episodio de cuidados inicial (dentro de las primeras ocho semanas).

- 410.92 Episodio de atención subsiguiente. Empléese para designar un episodio de cuidados a continuación del episodio inicial cuando el paciente es ingresado para observación, evaluación o tratamiento de un infarto de miocardio que ya ha recibido tratamiento inicial, pero está todavía dentro de las ocho semanas siguientes.

- **Shock cardiogénico presente en ingreso.** Sí o no.

  o 785.51 Shock cardiogénico.

- **Circulación extracorpórea.** Sí o no.

  o 39.6 Circulación extracorpórea y procedimientos auxiliares de cirugía cardiaca.

    ▪ 39.61 Circulación extracorpórea auxiliar para cirugía cardiaca abierta. Corazón y pulmón artificiales. Derivación cardiopulmonar. Oxigenador de bomba.

- **BIAC perioperatorio.** Sí o no.

  o 37.61 Implante de balón de contrapulsación.

- Número de injertos coronarios.

METODOLOGÍA

- **Un injerto coronario.** Sí o no.
  - Número total de derivaciones coronarias: 1.
- **Dos injertos coronarios.** Sí o no.
  - Número total de derivaciones coronarias: 2.
- **Tres injertos coronarios.** Sí o no.
  - Número total de derivaciones coronarias: 3.
- **Cuatro o más injertos coronarios.** Sí o no.
  - Número total de derivaciones coronarias: 4 ó más.
- Obtenido a partir de la codificación CIE-9-MC en la base de datos del MSPSI:
  - 36.1 Anastomosis de derivación para revascularización miocárdica.
    - 36.10 Anastomosis aortocoronaria para revascularización miocárdica, no especificada de otra manera. Revascularización directa: cardiaca, coronaria, miocárdica, músculo cardiaco, con *stent*, catéter, prótesis

o injerto venoso. Revascularización cardiaca.

- 36.11 Derivación (aorto) coronaria de una arteria coronaria.

- 36.12 Derivación (aorto) coronaria de dos arterias coronarias.

- 36.13 Derivación (aorto) coronaria de tres arterias coronarias.

- 36.14 Derivación (aorto) coronaria de cuatro o más arterias coronarias.

- 36.15 Derivación simple de AMI-arteria coronaria. Anastomosis (simple): arteria mamaria a arteria coronaria, arteria torácica a arteria coronaria

- 36.16 Derivación doble de AMI-arteria coronaria. Anastomosis doble: arteria mamaria a arteria coronaria, arteria torácica a arteria coronaria.

METODOLOGÍA

- 36.17 Derivación de arteria abdominal a arteria coronaria. Anastomosis: arteria gastroepiploica a la arteria coronaria.

- 36.19 Otras derivaciones para revascularización miocárdica.

- **Injerto coronario con AMI.** Sí o no.

  o 36.15 Derivación simple de AMI-arteria coronaria. Anastomosis (simple): arteria mamaria a arteria coronaria, arteria torácica a arteria coronaria.

  o 36.16 Derivación doble de AMI-arteria coronaria. Anastomosis doble: arteria mamaria a arteria coronaria, arteria torácica a arteria coronaria.

- **Injerto coronario empleando dos AMI.** Sí o no.

  o 36.16 Derivación doble de AMI-arteria coronaria. Anastomosis doble: arteria mamaria a arteria coronaria, arteria torácica a arteria coronaria.

3.5 CONSIDERACIONES ÉTICAS Y LEGALES

3.5.1 Compromisos bioéticos

En la realización del proyecto se cumplieron los principios de la declaración de Helsinki y sus revisiones posteriores para estudios en humanos, el Convenio del Consejo de Europa relativo a los derechos humanos y la Biomedicina, la declaración universal de la UNESCO sobre el genoma humano y los derechos humanos y la legislación para tal fin vigente en España y la Unión Europea.

El investigador principal se compromete a que la confidencialidad de los datos que se puedan obtener en el presente estudio será escrupulosamente observada, y que los datos personales de los sujetos participantes no serán conocidos por los investigadores del proyecto.

3.5.2 Comisión de bioética de la Universidad de Extremadura

El presente proyecto fue aprobado por la comisión de bioética de la Universidad de Extremadura con fecha 4 de octubre de 2010.

METODOLOGÍA

3.6 ANÁLISIS ESTADÍSTICO Y TRATAMIENTO DE LOS DATOS

Se ha realizado un estudio descriptivo previo de las variables de toda la serie y en los dos grupos del estudio.

- Variables demográficas:
    - Edad.
        - Menores 50 años.
        - 50-59 años.
        - 60-69 años.
        - 70-79 años.
        - 80 o más años.
    - Género.
    - Año de la cirugía.
        - 1997 al 2002.
        - 2003 al 2007.
- Variables de gestión:
    - Estancia hospitalaria preoperatoria.

- Estancia hospitalaria preoperatoria mayor de 5 días.
  - Estancia hospitalaria postoperatoria.
  - Estancia hospitalaria global.
  - Coste.
- Variables clínicas preoperatorias:
  - ICP previo.
  - Tipo de ingreso.
  - Cirugía urgente.
  - Diabetes.
  - Dislipemia.
  - Hipertensión arterial.
  - Tabaquismo.
  - IAM antiguo.
  - Fibrilación y flutter auricular.
  - EPOC.
  - Insuficiencia renal crónica.
  - ICC.

METODOLOGÍA

- o Enfermedad vascular periférica.

- o Enfermedad cerebrovascular.

- o IAM presente en ingreso.

- o Shock cardiogénico presente en ingreso.

- Variables clínicas operatorias:

    - o CEC.

    - o BIAC.

    - o Número de injertos coronarios.

    - o Injerto coronario con AMI.

    - o Injerto coronario empleando dos AMI.

    - o Mortalidad hospitalaria.

Las variables continuas (edad, estancia hospitalaria preoperatoria, estancia hospitalaria postoperatoria, estancia hospitalaria global y coste) se han expresado como media ± desviación estándar. Se analizó si su distribución era normal mediante el test de Kolmogorov-Smirnov y se compararon mediante los test de la t de Student o U de Mann-Whitney. Las variables discretas se han expresado como porcentajes y se compararon con los test exacto de Fisher o Chi-cuadrado.

Las diferencias en mortalidad hospitalaria entre los dos grupos del estudio se valoraron empleando un modelo de regresión logística univariable y multivariable y un modelo que incluía un índice de propensión.

En el modelo de regresión logística multivariable las variables demográficas y preoperatorias se introdujeron en el análisis teniendo como variable de resultado la mortalidad hospitalaria, obteniéndose la OR para la variable ICP previo y resto de variables incluidas en el modelo, para identificar predictores independientes de mortalidad hospitalaria.

En el método con índice de propensión las variables demográficas y preoperatorias se introdujeron en un análisis de regresión logística multivariable teniendo como variable resultado el ICP previo. Se obtuvo una nueva variable, que es el índice de propensión para cada paciente, que representa la probabilidad individual de cada paciente de haber recibido un ICP previo a la CRC dada sus características clínicas. El índice de propensión y la variable ICP previo se emplearon en un modelo de regresión logística multivariable con la mortalidad hospitalaria como variable resultado, obteniendo la OR para el ICP previo en un modelo con índice de propensión (9, 56, 57).

METODOLOGÍA

La limitación más importante de los estudios observacionales es que la asignación del tratamiento no se realiza de forma aleatoria y, por lo tanto, existe un sesgo de selección que hace que el efecto observado del tratamiento pueda estar relacionado con las diferencias en las características basales de los pacientes tratados y no tratados, y no con el tratamiento en sí. Normalmente se utilizan métodos estadísticos de análisis multivariables para controlar esas diferencias, aunque estos métodos son imperfectos (57).

Para disminuir la influencia de los factores de confusión en los análisis no aleatorizados, Rosenbaum y Rubin (58) introdujeron, en 1983, el concepto de *propensity score*, también llamado índice de propensión, *score* de propensión o puntaje de propensión. Este índice es un valor comprendido entre 0 y 1, que indica la probabilidad de que un paciente (con unas determinadas características biológicas) recaiga en una rama del estudio o en otra, cuando no ha habido aleatorización. Cuando los resultados se ajustan utilizando esta probabilidad, aunque con ciertas limitaciones, puede asumirse que los rasgos de los pacientes de estudio que puedan tener influencia en el resultado se distribuirán de una manera "casi-aleatoria" (59). Varias de las publicaciones que pretenden identificar el ICP previo como factor de riesgo de mortalidad en la CRC han incluido modelos con índice de propensión en su análisis estadístico (33, 37, 40, 41, 43).

Los test estadísticos se han realizado de dos brazos. Se ha considerado significación estadística p<0,05. Se ha empleado el paquete estadístico SPSS versión 17.0 para Windows (SPSS Inc., Chicago, Illinois).

4   RESULTADOS

La base de datos del Instituto de Información Sanitaria del MSPSI identificó 78794 casos intervenidos de CRC desde el año 1997 hasta el 2007, ambos inclusive.

Los siguientes subgrupos de pacientes se excluyeron de acuerdo con los criterios de exclusión del estudio: pacientes que en la base de datos se codifica el tipo de alta como desconocida o no codificada (n= 405), pacientes con historia de CRC previa (n= 929), cirugía valvular previa (n= 196), cirugía combinada coronaria con valvular (n= 13670) y cirugía combinada coronaria con aorta ascendente (n= 174).

El estudio se ha realizado sobre un total de 63420 casos, de los que 2942 (4,6%) tienen historia de ICP previo (en distinto ingreso) y 60478 (95,4%) no tienen historia de ICP previo.

RESULTADOS

4.1 Mujeres

4.1.1 Características basales

Mediante el test de Kolmogorov-Smirnov se comprobó que no presentaban distribución normal las variables edad y estancia preoperatoria, para analizar la distribución de estas variables en los dos grupos del estudio se empleó el test de la U de Mann Whitney.

Tabla 1. Características basales de los pacientes. Mujeres.

	Total	ICP previo	No ICP previo	p
Número de casos	12416	550	11866	
Edad (años)	67,83±9,16	65,36±9,26	67,95±9,14	<0,001
Menores 50	573 (4,6)	41 (7,5)	532 (4,5)	0,001
50-59	1307 (10,5)	88 (16,0)	1219 (10,3)	<0,001
60-69	3666 (29,5)	181 (32,9)	3485 (29,4)	0,075
70-79	6121 (49,3)	221 (40,2)	5900 (49,7)	<0,001
80 o más	489 (3,9)	13 (2,4)	476 (4,0)	0,052
Años 1997-2002	6929 (55,8)	256 (46,5)	6673 (56,2)	<0,001
Años 2003-2007	5487 (44,2)	294 (53,5)	5193 (43,8)	<0,001
Estancia preoperatoria (días)	9,24±10,54	9,32±9,17	9,24±10,60	0,080
Estancia preoperatoria >5 días	4738 (52,4)	263 (59,2)	4475 (52,0)	0,003
Estancia postoperatoria (días)	14,39±16,39	14,56±16,29	14,38±16,39	0,82

Estancia global (días)	22,86±19,60	23,37±19,60	22,83±19,60	0,53
Ingreso urgente	5309 (43,0)	242 (44,5)	5067 (43,0)	0,48
Cirugía urgente	225 (2,0)	9 (1,8)	216 (2,0)	0,66
Diabetes	5218 (42,0)	261 (47,5)	4957 (41,8)	0,008
Dislipemia	5145 (41,4)	261 (47,5)	4884 (41,2)	0,003
Hipertensión arterial	7463 (60,1)	350 (63,6)	7113 (59,9)	0,084
Tabaquismo	906 (7,3)	50 (9,1)	856 (7,2)	0,098
IAM antiguo	1826 (14,7)	162 (29,5)	1664 (14,0)	<0,001
Fibrilación y flutter auricular	1856 (14,9)	61 (11,1)	1795 (15,1)	0,009
EPOC	48 (0,4)	0 (0,0)	48 (0,4)	0,135
Insuficiencia renal crónica	224 (1,8)	6 (1,1)	218 (1,8)	0,19
ICC	938 (7,6)	26 (4,7)	912 (7,7)	0,01
Enfermedad vascular periférica	440 (3,5)	24 (4,4)	416 (3,5)	0,28
Enfermedad cerebrovascular	443 (3,6)	14 (2,5)	429 (3,6)	0,18
IAM en ingreso	2491 (20,1)	68 (12,4)	2423 (20,4)	<0,001
Shock cardiogénico en ingreso	374 (3,0)	11 (2,0)	363 (3,1)	0,15

Los datos se presentan como media ± desviación estándar o número (porcentaje)

Las variables estancia postoperatoria y estancia global sí presentaban distribución normal, empleándose el test de la t de Student para comparar estas variables entre los dos grupos. Las variables discretas se compararon mediante el test Chi-cuadrado.

Dentro de las variables demográficas no hubo diferencias significativas entre los dos grupos del estudio en las siguientes variables: edad 60-69

RESULTADOS

años (32,9% frente a 29,4%, p= 0,05), 80 o más años (2,4% frente a 4,0%, p= 0,052), mientras que las variables: menores de 50 años (7,5% frente a 4,5%, p=0,001), 50-59 años (16,0% frente a 10,3%, p<0,001) y cirugía 2003-2007 (53,5% frente a 43,8%, p<0,001) mostraron una mayor incidencia, estadísticamente significativa, en el grupo de ICP previo y las variable 70-79 años (40,2% frente a 49,7%, p<0,001) y cirugía 1997-2002 (46,5% frente a 56,2%, p<0,001) presentaron una mayor incidencia, significativa, en el grupo de no ICP previo.

Las variables de gestión: estancia preoperatoria (9,32±9,17 frente a 9,24±10,60 días, p=0,08), estancia postoperatoria (14,56±16,29 frente a 14,38±16,39 días, p=0,82) y global (23,37±19,60 frente a 22,83±19,60 días, p=0,53) no presentaron diferencias significativas entre los dos grupos. La variable estancia preoperatoria mayor de 5 días (59,2% frente a 52,0%, p=0,003) fue significativamente mayor en el grupo con historia de ICP previo.

Las variables clínicas preoperatorias: ingreso urgente (44,5% frente a 43,0%, p=0,48), cirugía urgente (1,8% frente a 2,0%, p=0,66), hipertensión arterial (63,6% frente a 59,9%, p=0,084), tabaquismo (9,1% frente a 7,2%, p=0,098), EPOC (0,0% frente a 0,4%, p=0,135), insuficiencia renal crónica (1,1% frente a 1,8%, p=0,19), enfermedad vascular periférica (4,4% frente a 3,5%, p=0,28), enfermedad cerebrovascular (2,5% frente a 3,6%, p=0,18) y shock cardiogénico en ingreso (2,0% frente a 3,1%, p=0,15) no presentaron diferencias significativas entre los dos grupos del estudio. Las variables: diabetes (47,5% frente a 41,8%, p=0,008), dislipemia (47,5% frente a 41,2%, p=0,003), e IAM antiguo (29,5% frente a 14,0%, p<0,001) presentaron mayor incidencia, estadísticamente significativa, en el grupo de ICP previo. Las variables: fibrilación y flutter auricular (11,1% frente a 15,1%, p=0,009), ICC (4,7% frente a 7,7%, p=0,01) e IAM en ingreso (12,4% frente a 20,4%, p<0,001) presentaron una mayor incidencia, estadísticamente significativa, en el grupo sin historia de ICP previo.

4.1.2 Características intraoperatorias

Se empleó CEC en el 60,7% de los casos del grupo de ICP previo y en el 67,2% del grupo sin historia de ICP previo (p=0,002). Se requirió BIAC perioperatoriamente en el 6,9% del grupo de ICP previo y en el 5,9% del grupo sin historia de ICP previo (p=0,31). La realización de uno o dos injertos fue significativamente mayor en el grupo de casos con historia de ICP previo (30,2 y 37,1% frente a 22,7 y 31,1%, p<0,001 y p=0,003). La realización de tres o cuatro o más injertos fue significativamente mayor en el grupo sin historia de ICP previo (27,6 y 5,1% frente a 38,0 y 8,1%, p<0,001 y p=0,01).

RESULTADOS

Se empleó la AMI en el 74,4% de pacientes del grupo con ICP previo y en el 65,7% del grupo sin historia de ICP previo (p<0,001), no habiendo diferencias significativas entre los dos grupos en el empleo de dos AMI (7,5% frente a 7,2%, p=0,85). La mortalidad hospitalaria fue del 4,7% en el grupo con ICP previo y del 8,4% en el grupo sin historia de ICP previo (p=0,002).

Tabla 2. Características intraoperatorias de los pacientes. Mujeres.

	Total	ICP previo	No ICP previo	p
CEC	8309 (66,9)	334 (60,7)	7975 (67,2)	0,002
BIAC	734 (5,9)	38 (6,9)	696 (5,9)	0,31
Injertos coronarios				
Uno	2861 (23,0)	166 (30,2)	2695 (22,7)	<0,001
Dos	3897 (31,4)	204 (37,1)	3693 (31,1)	0,003
Tres	4665 (37,6)	152 (27,6)	4513 (38,0)	<0,001
Cuatro o más	993 (8,0)	28 (5,1)	965 (8,1)	0,01
Injerto coronario con AMI	8208 (66,1)	409 (74,4)	7799 (65,7)	<0,001
Injertos coronarios con 2 AMIs	901 (7,3)	41 (7,5)	860 (7,2)	0,85
Mortalidad hospitalaria	1020 (8,2)	26 (4,7)	994 (8,4)	0,002

Los datos se presentan como número (porcentaje)

4.1.3 Análisis de regresión logística

En el análisis de regresión logística univariable se incluyeron las siguientes variables preoperatorias: menores 50 años, 50-59 años, 60-69 años, 70-79 años, 80 o más años, cirugía años 1997-2002, cirugía años 2003-2007, ICP previo, tipo de ingreso (urgente), cirugía urgente, diabetes, dislipemia, hipertensión arterial, tabaquismo, IAM antiguo, fibrilación y flutter auricular, EPOC, insuficiencia renal crónica, ICC, enfermedad vascular periférica, enfermedad cerebrovascular, IAM en ingreso y shock cardiogénico en ingreso. En el análisis de regresión logística multivariable no se incluyó la variable cirugía urgente por presentar valores perdidos.

Tras ajustar para las características preoperatorias de los pacientes mediante regresión logística multivariable el ICP previo no fue un predictor independiente de mortalidad hospitalaria (OR: 0,67; 95% IC: 0,43-1,06; p=0,094). Iguales resultados se obtuvieron tras ajustar con un índice de propensión, el ICP no se asoció con mortalidad hospitalaria (OR: 0,74; 95% IC: 0,49-1,11; p=0,15).

RESULTADOS

Tabla 3. Análisis de regresión logística univariable y multivariable de variables asociadas con mortalidad hospitalaria. Mujeres.

Variables	Análisis univariable		Análisis multivariable	
	OR (95% IC)	p	OR (95% IC)	p
Menores 50 años	0,43 (0,28-0,66)	<0,001	0,24 (0,13-0,45)	<0,001
50-59 años	0,53 (0,41-0,69)	<0,001	0,32 (0,20-0,52)	<0,001
60-69 años	0,78 (0,68-0,91)	0,002	0,41 (0,27-0,62)	<0,001
70-79 años	1,36 (1,19-1,55)	<0,001	0,59 (0,40-0,87)	0,009
80 o más años	1,76 (1,34-2,30)	<0,001	0,93 (0,57-1,51)	0,78
Cirugía años 1997-2002	1,29 (1,13-1,47)	<0,001	1,57 (1,35-1,84)	<0,001
Cirugía años 2003-2007	0,77 (0,67-0,88)	<0,001	-	-
ICP previo	0,54 (0,36-0,80)	0,002	0,67 (0,43-1,06)	0,094
Tipo de ingreso (urgente)	1,53 (1,35-1,74)	<0,001	1,16 (1,00-1,34)	0,045
Cirugía urgente	3,16 (2,27-4,39)	<0,001	-	-
Diabetes	0,95 (0,83-1,08)	0,44	1,06 (0,91-1,24)	0,39
Dislipemia	0,47 (0,41-0,54)	<0,001	0,59 (0,50-0,69)	<0,001
Hipertensión arterial	0,56 (0,49-0,64)	<0,001	0,68 (0,58-0,79)	<0,001
Tabaquismo	0,39 (0,27-0,55)	<0,001	0,57 (0,38-0,85)	0,007
IAM antiguo	0,85 (0,71-1,03)	0,11	1,12 (0,91-1,38)	0,28
Fibrilación y flutter auricular	1,11 (0,93-1,32)	0,21	0,97 (0,79-1,18)	0,77
EPOC	0,74 (0,23-2,39)	0,61	1,00 (0,28-3,50)	0,99
Insuficiencia	3,78 (2,77-	<0,001	3,50 (2,44-	<0,001

renal crónica	5,16)		5,02)	
ICC	3,38 (2,85-4,02)	<0,001	1,89 (1,53-2,33)	<0,001
Enfermedad vascular periférica	1,25 (0,91-1,72)	0,16	1,31 (0,92-1,86)	0,13
Enfermedad cerebrovascular	2,17 (1,67-2,83)	<0,001	2,38 (1,77-3,19)	<0,001
IAM en ingreso	3,44 (3,01-3,92)	<0,001	2,22 (1,89-2,60)	<0,001
Shock cardiogénico en ingreso	36,34 (28,73-45,96)	<0,001	26,58 (20,63-34,24)	<0,001

En el análisis univariable varios factores se encontraron como predictores de mortalidad hospitalaria: 70-79 años (OR: 1,36; 95% IC: 1,19-1,55; p<0,001), 80 o más años (OR: 1,76, 95% IC: 1,34-2,30; p<0,001), cirugía años 1997-2002 (OR:1,29; 95% IC: 1,13-1,47; p<0,001), tipo de ingreso (urgente) (OR: 1,53; 95% IC: 1,35-1,74; p<0,001), cirugía urgente (OR: 3,16; 95% IC: 2,27-4,39; p<0,001), insuficiencia renal crónica (OR: 3,78; 95% IC: 2,77-5,16; p<0,001), ICC (OR: 3,38; 95% IC: 2,85-4,02; p<0,001), enfermedad cerebrovascular (OR:2,17; 95% IC: 1,67-2,83; p<0,001), IAM en ingreso (OR: 3,44; 95% IC: 3,01-3,92; p<0,001) y shock cardiogénico en ingreso (OR: 36,34; 95% IC: 28,73-45,96; p<0,001).

Al ajustar los factores preoperatorios en un modelo de regresión logística multivariable se encontraron los siguientes predictores independientes de mortalidad hospitalaria: cirugía años 1997-2002

RESULTADOS

(OR:1,57; 95% IC: 1,35-1,84; p<0,001), tipo de ingreso (urgente) (OR: 1,16; 95% IC: 1,00-1,34; p=0,045), insuficiencia renal crónica (OR: 3,50; 95% IC: 2,44-5,02; p<0,001), ICC (OR: 1,89; 95% IC: 1,53-2,33; p<0,001), enfermedad cerebrovascular (OR: 2,38; 95% IC: 1,77-3,19; p<0,001), IAM en ingreso (OR: 2,22; 95% IC: 1,89-2,60; p<0,001) y shock cardiogénico en ingreso (OR: 26,58; 95% IC: 20,63-34,24; p<0,001).

5 DISCUSIÓN

El presente estudio, realizado sobre un total de 63420 pacientes intervenidos de CRC, es el más extenso, publicado, para analizar el ICP previo como factor de riesgo de mortalidad hospitalaria en la CRC.

5.1 DISCUSIÓN DE LOS RESULTADOS

5.1.1 Características basales de los pacientes

Al analizar las características basales de los pacientes, el grupo de ICP previo presentó una mayor incidencia, estadísticamente significativa, de: cirugía en menores de 50 años y entre 50 y 59 años, cirugía entre 2003 y 2007, estancia preoperatoria mayor de 5 días, diabetes, dislipemia, hipertensión arterial, tabaquismo, IAM antiguo y enfermedad vascular periférica. El grupo de no ICP previo presentó una mayor incidencia, estadísticamente significativa, de: cirugía entre 70 y 79 años, estancia postoperatoria, cirugía urgente, fibrilación y flutter auricular, insuficiencia renal crónica, ICC e IAM en ingreso. Estas diferencias en la distribución de las variables entre los dos grupos del

DISCUSIÓN

estudio se han mantenido, con similares tendencias, al analizar los subgrupos.

El grupo con ICP previo es más joven y presenta más factores de riesgo cardiovascular, antecedentes de IAM y enfermedad vascular periférica, mientras que el grupo sin historia de ICP es más viejo, suele presentar con más frecuencia un IAM en el ingreso, son más frecuentes las cirugías urgentes y presenta mayor patología asociada: fibrilación y flutter auricular, insuficiencia renal crónica e ICC.

5.1.2 Diferencias en la distribución de las variables preoperatorias en los estudios publicados

En el análisis de las características basales de la serie de Van den Brule y colaboradores (36) también se observó que el grupo de ICP previo presentaba una menor edad media (61,5±10,9 frente a 64,2±10,6, p=0,01) y una mayor incidencia de enfermedad vascular periférica (19,5% frente a 11,6%, p=0,015) e insuficiencia renal (7,1% frente a 3,2%, p=0,036). En la presente serie la insuficiencia renal es más frecuente en el grupo de no ICP previo.

En la serie de Tran y colaboradores (32), en pacientes diabéticos, el grupo con ICP previo presentó también menor edad media (59,7±9,7 frente a 63,3±9,6, p=0,001), mayor incidencia de hipercolesterolemia (90,0% frente a 77,2%, p=0,001) e historia de IAM (58,4% frente a 42,4%, p=0,001). Similar al subgrupo de pacientes diabéticos de nuestra serie.

En la publicación de Yap y colaboradores (33) el grupo con historia de ICP también fue más joven (63,3±10,5 frente a 66,0±10,2, p<0,001), presentó mayor porcentaje de pacientes con hipercolesterolemia (87,2% frente a 80,2%, p<0,001) e hipertensión (78,6% frente a 75,2%, p=0,005) y presentaba menor porcentaje de mujeres (20,3% frente a 22,8%, p=0,03), enfermedad cerebrovascular (9,5% frente a 11,3%, p=0,044), IAM en 21 días previos (15,6% frente a 24,0%, p<0,001) y cirugía urgente (34,9% frente a 38,8%, p=0,002). En la presente serie no existen diferencias significativas en la distribución de géneros y de la enfermedad cerebrovascular.

En la serie global de Hassan y colaboradores (37) el grupo con historia de ICP presentó mayor incidencia de IAM previo (de más de 21 días de evolución) (56,2% frente a 44,9%, p<0,001) y cirugía urgente (56,4% frente a 52,2%, p=0,02). El grupo sin historia de ICP presentó mayor incidencia de ICC (11,4% frente a 14,8%, p=0,007). En la serie que analizamos la cirugía urgente ha sido más frecuente en el grupo sin ICP previo.

DISCUSIÓN

En la publicación de Thielmann y colaboradores (38), la hipertensión fue más frecuente en los grupos con un ICP y múltiples ICP frente a no ICP (85% y 86% frente a 81%, p=0,02. La hiperlipemia fue más frecuente en el grupo con múltiples ICP frente a un ICP y no ICP previo (79% frente a 74% y 72%, p=0,03). La incidencia de IAM previo fue más frecuente en el grupo con un ICP previo frente a no ICP previo (36% frente a 34%, p<0,001) y en el grupo de múltiples ICP frente a un ICP y no ICP previo (47% frente a 36% y 34%, p<0,001). Similar a la serie que analizamos.

En la publicación de Thielmann y colaboradores en pacientes diabéticos (40) la insuficiencia renal (16% frente a 25%, p=0,01) y la historia de IAM previo (más de 4 semanas) (45% frente a 34%, p=0,03) fue más frecuente, de manera significativa, en el grupo con ICP previo. En el análisis del subgrupo de pacientes diabéticos de nuestra serie la insuficiencia renal no presentó diferencias significativas en su distribución entre los dos grupos de estudio.

En el estudio de Chocron y colaboradores (41) el grupo con historia de ICP presentó mayor incidencia de IAM previo (52,8% frente a 35,8%, p<0,0001). Similar a nuestra serie.

En el estudio de Carnero y colaboradores (42) el grupo sin ICP previo presentó mayor incidencia significativa de IAM de menos de 90 días de evolución (38,5% frente a 25,7%, p=0,009). En nuestra serie el grupo sin historia de ICP presentaba mayor incidencia, de manera significativa, de IAM en ingreso.

En la publicación de Massoudy y colaboradores (43) hubo diferencias significativas entre los tres grupos: no ICP, un ICP y dos o más ICP en las siguientes variables: edad (66,40±9,27, 65,45±9,45, 65,31±9,56, p<0,0001), enfermedad vascular periférica (15,21%, 16,98%, 20,43%, p<0,0001), EPOC (9,86%, 8,03%, 10,97%, p=0,0019), hipertensión (83,75%, 88,07%, 90,36%, p<0,0001), tabaquismo (44,97%, 47,50%, 53,51%, p<0,0001), hiperlipidemias (74,50%, 80,15%, 84,61%, p<0,0001), IAM previo (36,57%, 61,19%, 58,77%, p<0,0001) y emergencia (6,12%, 7,67%, 7,47%, p=0,0011). En nuestra serie no hubo diferencias significativas en la distribución de la variable EPOC entre los dos grupos y la cirugía urgente fue más frecuente, de manera significativa, en el grupo sin historia de ICP.

En el estudio de Bonaros y colaboradores (44) el grupo con ICP previo presentó mayor incidencia de IAM previo (33% frente a 21%, p=0,027). Similar a nuestra serie.

Como se puede observar las diferencias en la distribución de las variables preoperatorias entre los dos grupos del estudio, ICP previo o

DISCUSIÓN

no, de nuestra serie muestra similares características al resto de series publicadas.

5.1.3 Características intraoperatorias de los pacientes

La realización de uno o dos injertos coronarios ha sido más frecuente, significativamente, en el grupo con ICP previo, mientras que en el grupo sin historia de ICP se han realizado más cirugías de tres o cuatro o más injertos coronarios, de manera significativa. El empleo de la AMI como injerto coronario ha sido más frecuente, de manera significativa, en el grupo con ICP previo. La necesidad de BIAC perioperatorio ha sido más frecuente, de manera significativa, en el grupo con ICP previo. En los subgrupos del estudio la tendencia ha sido similar.

5.1.4 Diferencias en la distribución de las variables operatorias en los estudios publicados

Kalaycioglu y colaboradores (27) no obtuvieron diferencias significativas en el número de injertos entre los dos grupos (2,1±0,7 en ACTP previo y 2,3±0,8 en no ACTP previo).

Barakate y colaboradores (34) publicaron un menor número de anastomosis distales en el grupo de ACTP previo (2,9 frente a 4,1, p<0,005).

Van den Brule y colaboradores (36) publicaron un menor número de anastomosis distales en el grupo de ICP previo (2,2±0,9 frente a 3,2±1,3, p=0,001), pero al analizar el número de injertos totales no se obtuvieron diferencias significativas (1,9±0,2 en grupo ICP frente a 2,0±0,9 en grupo no ICP, p=0,15).

En la serie de Tran y colaboradores (32) se realizaron menos injertos coronarios en el grupo con historia de ICP (3,1±1,0 frente a 3,4±0,9, p=0,001).

Yap y colaboradores (33) publicaron en el grupo con ICP previo un menor número de anastomosis distales (3,0±1,1 frente a 3,3±1,0, p<0,001) y empleo de AMI (95,3% frente a 97,3%, p<0,001).

Hassan y colaboradores (37) publicaron en el grupo con ICP previo un menor número de anastomosis distales (3,0 frente a 3,3, p<0,001).

En la publicación de Thielmann y colaboradores (38) no se recogieron diferencias significativas en el número de injertos por paciente entre los tres grupos: no ICP, un ICP previo, múltiples ICP previos (3,0±0,8, 3,0±0,9 y 3,0±0,9; p=0,42).

DISCUSIÓN

En la publicación de Thielmann y colaboradores (40), en pacientes diabéticos, no se obtuvieron diferencias significativas en el número de anastomosis distales entre los dos grupos de estudio (3,6±1,2 en no ICP frente a 3,5±1,3 en ICP previo, p=0,21).

Chocron y colaboradores (41) publicaron menor número de anastomosis distales en el grupo de pacientes con ICP previo (3,0±1,1 frente a 3,3±1,1, p<0,0001).

Carnero y colaboradores (42) publicaron menor número de injertos coronarios en el grupo con ICP previo (2,3±0,73 frente a 2,6±0,3, p=0,001).

Massoudy y colaboradores (43) publicaron menor número de injertos en el grupo de uno o múltiples ICP frente a no ICP (2,55±0,84 y 2,59±0,90 frente a 2,82±0,90, p<0,0001).

En la publicación de Bonaros y colaboradores (44) no se obtuvieron diferencias significativas entre los dos grupos de estudio en el número de anastomosis distales con injertos arteriales (1,24±0,71 en ICP previo frente a 1,21±0,69 en no ICP, p=0,51) y venosos (1,69±1,05 en ICP previo frente a 1,59±1,11 en no ICP, p=0,29).

5.1.4.1 BIAC

La necesidad de BIAC perioperatoriamente no se recoge en muchos de las publicaciones que analizan el ICP como posible factor de riesgo en la CRC, algunos hacen referencia a BIAC perioperatorio (como en el presente estudio) y otros a BIAC preoperatorio o postoperatorio. En el presente estudio, la necesidad de BIAC perioperatorio ha sido más frecuente, de manera significativa, en el grupo con ICP previo en la serie global y en los subgrupos 70-79 años y varones.

En la publicación de Barakate y colaboradores (34) no se obtuvieron diferencias significativas en la necesidad de BIAC perioperatorio entre el grupo de ACTP previo y el control.

En la publicación de Tran y colaboradores (32) el grupo con historia de ICP presentó un riesgo ajustado mayor de eventos cardiacos mayores (mortalidad operatoria, IAM perioperatorio, BIAC postoperatorio o shock cardiogénico postoperatorio) (OR: 2,72; 95% IC: 1,08-6,85).

Hassan y colaboradores (37) no obtuvieron diferencias significativas entre los dos grupos de su serie global (sin emparejar) en la presencia de BIAC preoperatorio (5,3% en grupo ICP frente a 5,1% en no ICP, p=0,2).

DISCUSIÓN

Thielmann y colaboradores (38) publicaron no diferencias significativas en el empleo de BIAC postoperatorio en los tres grupos del estudio no ICP, un ICP previo o múltiples ICP previos (2,3%, 3,9%, 4,8%, p=0,14).

En el estudio de Thielmann y colaboradores en pacientes diabéticos (40) no se obtuvieron diferencias significativas en la necesidad de BIAC postoperatorio entre los dos grupos de estudio (5% en no ICP frente a 6,3% en ICP previo, p=0,52).

En la publicación de Bonaros y colaboradores (44) la necesidad de BIAC perioperatorio fue mayor en le grupo con ICP previo (5,2% frente a 1,8%, p=0,0025).

5.1.5 **Estancia y coste hospitalario**

Moreno Millán y colaboradores (60) publicaron en 2008 un artículo sobre la variación de la estancia preoperatoria en España según grupos de edad, género y modo de acceso hospitalario, en el que analizaron todos los episodios de ingreso que produjeron intervención quirúrgica de pacientes mayores de 45 años en la red sanitaria pública española, a partir del conjunto mínimo básico de datos del año 2005. En sus conclusiones exponen que: la planificación preoperatoria depende de factores relacionados con la planificación y la organización hospitalaria, especialmente de la programación y de la evaluación previa de pruebas complementarias y anestésicas. Pero también de determinantes ligados al propio proceso asistencial (complejidad, gravedad, complicaciones) y al paciente (edad, género, comorbilidad, forma de acceso al hospital). En este sentido, el envejecimiento poblacional, uno de los elementos más reiterados en la literatura sobre incremento del gasto, no presenta una relación lineal con la estancia preoperatoria de los ingresos urgentes, pero sí con la de los programados, por lo que hay que mejorar la gestión de estos enfermos. La estancia preoperatoria muestra también una fuerte correlación con la estancia total y ésta, como explicativa de los costes directos, con un consumo hospitalario exagerado e ineficiente. Deben introducirse estrategias de gestión específica para la estancia preoperatoria, basadas en la programación, pero también en las características del paciente y del proceso (en especial desde el servicio de urgencias), que consigan minimizar la fase más íntimamente relacionada con la calidad de su asistencia.

En el presente estudio no hubo diferencias significativas entre los dos grupos en la distribución de la variable estancia preoperatoria, tanto al analizar la serie global como los subgrupos, salvo en paciente entre 70 y 79 años que presentaban mayor estancia preoperatoria en el grupo de ICP previo. Mientras que, al analizar el porcentaje de pacientes con

DISCUSIÓN

estancia preoperatoria mayor de 5 días, fue significativamente mayor en el grupo de ICP previo en la serie global y en los subgrupos: edad entre 70 y 79 años, mujeres y cirugía 1997-2002. Aunque no se puede explicar con los datos del estudio el motivo del mayor porcentaje de pacientes con estancia mayor de 5 días en el grupo de ICP previo, esto implica, como se ha expuesto previamente, un mayor coste hospitalario, como se comprueba al analizar el coste hospitalario.

La estancia postoperatoria fue significativamente mayor en el grupo de no ICP previo en la serie global y en los subgrupos de 50-59 años, varones y cirugía 2003-2007. Este hallazgo puede explicarse por la mayor patología asociada que presentan los pacientes del grupo de no ICP previo. La estancia global solo fue significativamente mayor en el grupo de no ICP previo en los subgrupos de 50-59 años, varones y cirugía 2003-2007. No haber diferencias en estancia global al analizar la serie global entre los dos grupos del estudio puede explicarse por una mayor estancia preoperatoria (principalmente mayor de 5 días) en el grupo de ICP previo y una mayor estancia postoperatoria en el grupo de no ICP previo.

En el estudio de Kalaycioglu y colaboradores (27) la estancia hospitalaria global fue mayor, de manera significativa, en el grupo de ACTP previo (9,1±2,5 días frente a 8,0±1,1 días, p=0,008).

En la publicación de Barakate y colaboradores (34) la estancia hospitalaria media fue mayor, de manera significativa, en el grupo sin ACTP previo (9,1 días frente a 8 días, p<0,005).

En el registro de la Sociedad de Cirugía Cardiotorácica de Gran Bretaña e Irlanda (31) la estancia hospitalaria postoperatoria en 2008 fue de 8,3 días en pacientes con ICP previo (distinto ingreso) y de 8,6 días en pacientes sin ICP previo.

En el estudio de Tran y colaboradores (32) no hubo diferencias significativa en la estancia postoperatoria entre los dos grupos (7,5±10,8 días en no ICP frente a 8,4±14,9 en ICP previo, p=0,309).

Thielmann y colaboradores (38) publicaron diferencias no significativas en la estancia postoperatoria entre los tres grupos de su serie: no ICP, un ICP y múltiples ICP previos (9, 8 y 8 días, p=0,88).

En la publicación de Thielmann y colaboradores en pacientes diabéticos (40) no se obtuvieron diferencias significativas en la estancia postoperatoria entre los dos grupos (9 días en no ICP y 8 en ICP previo, p=0,34).

En la publicación de Bonaros y colaboradores (44) no hubo diferencias significativas en estancia postoperatoria entre los dos grupos (13,5±7,5 en ICP frente a 11,8±7,1 en no ICP previo, p=0,26).

DISCUSIÓN

5.1.6 Mortalidad hospitalaria

La mortalidad hospitalaria ha sido mayor, de manera significativa, en el grupo sin ICP previo en la serie global y en los subgrupos: edad 50 a 59 años, 60 a 69 años, hombres, mujeres, CRC años 1997 al 2002, CRC años 2003 al 2007 y diabéticos. Esto puede explicarse por la mayor edad y patología asociada (enfermos más complejos) del grupo sin ICP previo, siendo más frecuente la presencia de fibrilación y flutter auricular, insuficiencia renal crónica e ICC. Los pacientes sin ICP previo se intervienen con más frecuencia con el antecedente de IAM en el mismo ingreso (tanto en la serie global como en los subestudios), este hecho se ha asociado con mayor mortalidad hospitalaria en la CRC, en las guías de cirugía coronaria de la *American College of Cardiology/American Heart Association (ACC/AHA)* de 2004 (1) se concluye que el riesgo de la CRC se incrementa varias veces en pacientes con angina inestable, angina postinfarto cercano al episodio de IAM y durante el IAM, frente a los pacientes con angina estable. Como se recoge en el punto 3.2 del presente estudio el IAM previo está incluido en varios de los *scores* de riesgo de mortalidad en CRC. El *Society of Thoracic Surgeons Score* (21) incluye como variable el IAM en fase aguda y el tiempo desde el IAM; mientras que el Euroscore (24, 25) incluye el IAM de menos de 90 días como variable.

En la publicación de Yap y colaboradores (33) se obtuvo menor supervivencia a 1, 3 y 5 años en el grupo de no ICP previo frente al grupo con ICP previo (96,5 frente a 97,3, 93,2% frente a 94,4%, 87,7% frente a 91,1%, p=0,013), tras ajustar por las características basales en un análisis de Cox el ICP previo no fue un predictor independiente de mortalidad a medio plazo (HR: 0,94; 95% IC: 0,75-1,18; p=0,62). En el estudio de Yap y colaboradores (33) el grupo sin historia de ICP, al igual que en el presente estudio, presentaba mayor comorbilidad: era más viejo, eran más mujeres, presentaba mayor patología asociada (enfermedad cerebrovascular), IAM en los 21 días previos y cirugía urgente.

En el análisis multivariable de nuestra serie no se obtuvieron estas diferencias. El ICP no se asoció con mortalidad hospitalaria en la serie global ni en los subgrupos del estudio.

5.1.7 Análisis multivariable

En el análisis de regresión logística multivariable, el ICP previo no fue un predictor independiente de mortalidad hospitalaria tras CRC en toda la serie (OR: 0,88; 95% IC: 0,72-1,07; p=0,20) ni en los subgrupos del estudio: edad menor 50 años, 50 a 59 años, 60 a 69 años, 70 a 79 años, mayores de 80 años, hombres, mujeres, CRC entre 1997 y 2002, CRC

DISCUSIÓN

entre 2003 y 2007 y diabéticos. Al aplicar un índice de propensión en el análisis multivariable el ICP tampoco se asoció con mortalidad hospitalaria en toda la serie y en los subgrupos del estudio.

5.1.7.1 Pacientes diabéticos

Los pacientes diabéticos, como exponen Tran y colaboradores (32), presentan mayor incidencia de progresión de la enfermedad coronaria, reestenosis tras ICP y necesidad de revascularizaciones repetidas, frente a los no diabéticos.

Existen tres estudios publicados que analizan el ICP como factor de riesgo en la CRC en pacientes diabéticos.

Thielmann y colaboradores (40) publicaron en 2007 una comparación entre dos grupos de pacientes diabéticos, intervenidos entre 2000 y 2006 con enfermedad de tres vasos. En el análisis de regresión logística multivariable la historia de ICP se asoció de manera independiente con mortalidad hospitalaria (OR: 2,5; 95% IC: 1,3-5,8; p=0,03) y eventos cardiacos adversos mayores (OR: 2,5; 95% IC: 1,2-4,9; p=0,01).

Tran y colaboradores (32) publicaron en 2009 un estudio de 1758 pacientes diabéticos intervenidos de CRC, el ICP previo fue un predictor independiente de mortalidad hospitalaria (OR: 4,05; 95% IC:

1,41-11,63), pero no de mortalidad a 2 años (OR: 1,76; 95% IC: 0,92-3,39).

Bonaros y colaboradores (44) en su publicación de 2009 realizaron un subestudio de 172 pacientes diabéticos (60 con historia de ICP previo), obteniendo iguales resultados que en su serie global, con una mortalidad a los 30 días del 3,3% en grupo con ICP previo y 1,8% en el grupo sin historia de ICP (p=0,034) y una incidencia de eventos cardiacos adversos mayores (muerte, IAM perioperatorio o revascularización repetida) del 10% en el grupo con ICP previo y 3,6% en el grupo sin historia de ICP (p=0,003).

En la presente serie al estudiar el subgrupo de pacientes diabéticos el ICP tampoco fue un predictor independiente de mortalidad hospitalaria.

5.1.7.2 Factores de riesgo de mortalidad hospitalaria tras CRC

Al ajustar los factores preoperatorios en un modelo de regresión logística multivariable se encontraron los siguientes predictores independientes de mortalidad hospitalaria en la serie global: género (mujer), cirugía años 1997-2002, tipo de ingreso (urgente), insuficiencia renal crónica, ICC, enfermedad vascular periférica,

DISCUSIÓN

enfermedad cerebrovascular, IAM en ingreso y shock cardiogénico en ingreso.

Las variables ICC, IAM en ingreso y shock cardiogénico en ingreso fueron predictores independientes de mortalidad hospitalaria en la serie global y todos los subgrupos. La variable EPOC sólo lo fue en el subestudio de pacientes entre 70 y 79 años y la variable IAM antiguo en pacientes diabéticos.

Estos factores de riesgo encontrados ya se encuentran recogidos en diferentes publicaciones y *scores* de riesgo, como se expone en el punto 2.2 del presente estudio.

5.2 EL ICP COMO FACTOR DE RIESGO DE LA CRC. POSIBLE MECANISMO DE ACCIÓN

Las diferentes publicaciones que han considerado el ICP previo como factor de riesgo en la CRC han expuesto varios posibles mecanismos, muchos de ellos de manera especulativa:

La historia de ICP previo puede limitar el número de anastomosis distales durante la CRC. En pacientes con un *stent* ocluido, puede ser técnicamente dificultoso realizar un injerto a la coronaria distal al *stent*, principalmente si el *stent* se implantó distalmente en la coronaria. Los vasos con *stents* permeables no suele recibir injertos en la CRC, debido a que el flujo competitivo puede reducir la permeabilidad de los injertos en ausencia de lesión significativa. Esta hipótesis es defendida por Yap y colaboradores (33).

Dejar coronarias con *stent* sin realizar injerto durante la CRC aumenta el riesgo de IAM perioperatorio debido al estado protrombótico durante la CRC y al cese de la terapia antiagregante, según publican Yap y colaboradores (33).

El ICP previo puede reducir la permeabilidad de los injertos, debido a una disminución del lecho distal de la coronaria que recibe el injerto por múltiples *stents* solapados que comprometan el flujo colateral o porque haya que realizar los injertos más distalmente en la coronaria por la implantación de un *stent* proximal. Esta hipótesis es defendida por Tran y colaboradores (32), Yap y colaboradores (33), Hassan y colaboradores (37), Thielmann y colaboradores (38) y Massoudy y colaboradores (43).

Los *stents* convencionales y los liberadores de fármacos pueden afectar la función endotelial. Gomes y colaboradores (61) publicaron, en 2006, que tras implantar un *stent* se produce una respuesta inflamatoria local y sistémica, rotura del endotelio y pared del vaso al expandir el *stent*, presión radial del *stent* sobre la coronaria, disfunción endotelial y daño vascular por las patas del *stent*. Se ha constatado una liberación de

DISCUSIÓN

marcadores inflamatorios con una inflamación persistente en bajo grado, existiendo mayor disfunción endotelial al implantar un *stent* que con una ACTP aislada, con inhibición de mediadores vasodilatadores (oxido nítrico) y aumento de la liberación de endotelina-1. Los *stents* liberadores de fármacos producen una antiproliferación endotelial en la zona del *stent* y un aumento de la respuesta inflamatoria en los extremos del *stent*, con igual respuesta inflamatoria sistémica que los *stents* convencionales (61). Thielmann y colaboradores (38) comentan que *stents* repetidos debidos a reestenosis del *stent* puede dar lugar a daño endotelial con hiperplasia intimal, también exponen como la pared vascular disfuncionante sin su endotelio coronario activa la respuesta inflamatoria con un acúmulo de plaquetas y neutrófilos causando obstrucciones trombóticas microvasculares y microembolizaciones distales. Muhlestein (62), en una editorial de 2008, expone la disfunción endotelial asociada a los *stents* liberadores de fármacos como un fenómeno significativo no esperado.

Los pacientes que se someten a ICP pueden haber sido valorados como candidatos subóptimos para CRC por comorbilidad o malos vasos coronarios, presentando una arteriosclerosis más avanzada. Esta hipótesis es defendida por Yap y colaboradores (33). Johnson y colaboradores (63) publicaron en 1997 un estudio de 234 pacientes intervenidos entre 1982 y 1995 de CRC tras ACTP exitoso en el año previo, que compararon con un grupo emparejado de 234 pacientes que se les realizó un ACTP exitoso y no requirieron CRC, identificando como predictores independientes de CRC en pacientes con enfermedad multivaso tratados con ACTP: tres o más lesiones mayores del 70%, lesión del TCI y lesión de la DA proximal. El 70% de los pacientes que presentaron alguno de estos predictores requirió CRC en el plazo de un año.

Los pacientes que se someten a ICP y posteriormente a CRC pueden representar un grupo de pacientes con una arteriosclerosis más agresiva. Tran y colaboradores (32) defienden esta hipótesis basándose en una mayor incidencia de hipercolesterolemia e IAM en su serie de pacientes con ICP previo. Gaudino y colaboradores (64) publicaron en 2005 un estudio comparativo de 120 pacientes con historia de ICP (60 con reestenosis del stent y 60 con stent permeables) remitidos a CRC que se realizaron CRC con AMI a DA y se randomizaron a un injerto arterial (arteria mamaria derecha o radial) o a vena safena a la obtusa marginal. Se realizaron coronariografías en el seguimiento y se objetivó que los injertos de vena safena presentaban menos permeabilidad, de manera significativa, que los injertos arteriales en ambos grupos, pero de manera más marcada en el grupo con reestenosis del stent. En la discusión de este estudio se postuló una arteriosclerosis más agresiva en pacientes con fallo del ICP.

5.3 LIMITACIONES DEL ESTUDIO

5.3.1 Estudio retrospectivo, no randomizado

La limitación más importante de los estudios observacionales es que la asignación del tratamiento no se realiza de forma aleatoria y, por lo tanto, existe un sesgo de selección que hace que el efecto observado del tratamiento pueda estar relacionado con las diferencias en las características basales de los pacientes tratados y no tratados, y no con el tratamiento en sí. Para intentar disminuir la influencia de los factores de confusión se ha empleado el análisis multivariable y un índice de propensión.

5.3.2 Estudio multicéntrico

Al analizarse los pacientes intervenidos de CRC en toda España entre 1997 y 2007 recogidos en la base de datos del MSPSI se han incluido pacientes intervenidos en todos los hospitales del Sistema Nacional de Salud. Los pacientes se han realizado el ICP y la CRC de acuerdo con los criterios clínicos de los servicios de cardiología y cirugía cardiovascular donde se intervinieron. Los criterios de indicación y tratamiento suelen ser consensuados a través de guías de práctica clínica nacionales e internacionales, pero puede haber modificaciones en la práctica diaria debidas a las características del paciente y los criterios del médico concreto que realiza la intervención.

5.3.3 Periodo de tiempo

Se ha analizado un periodo de 11 años, lo cual ha permitido incluir en el estudio un alto número de casos, pero tiene el inconveniente de analizar pacientes tratados en distintas épocas. La EAC es una enfermedad en la que ha habido grandes avances y se han desarrollado nuevos tratamientos y perfeccionados los existentes. El ICP ha tenido grandes avances con la introducción de los *stents* convencionales y posteriormente de los *stents* liberadores de fármacos. La CRC ha ido perfeccionándose a lo larga do los años, disminuyendo su morbilidad y mortalidad. Para que el estudio no se influyera por el año de tratamiento se ha realizado un subanálisis de pacientes intervenidos entre 1997 y 2002 y pacientes intervenidos entre 2003 y 2007.

5.3.4 Limitaciones de la base de datos

Se ha empleado como muestra la población española intervenida de CRC y recogida en la base de datos del Instituto de Información

DISCUSIÓN

Sanitaria del MSPSI desde el año 1997 hasta el 2007. Se solicitó al MSPSI las bases de datos de los años 1997-2007 con los pacientes intervenidos de CRC, que corresponde a los códigos de la Clasificación Internacional de Enfermedades (CIE-9-MC): 36.1, 36.10, 36.11, 36.12, 36.13, 36.14, 36.15, 36.16, 36.17, 36.19 (53).

La base de datos empleada recoge los diagnósticos y procedimientos de acuerdo con la codificación de la CIE-9-MC, siendo responsables de la codificación y constitución de la base de datos las Unidades de Documentación Clínica de los hospitales del Sistema Nacional de Salud.

Las Unidades de Documentación Clínica son responsables de la codificación de los diagnósticos y procedimientos al alta hospitalaria y de la monitorización de la gestión y casuística hospitalaria mediante los diferentes indicadores existentes. Los nuevos diagnósticos y procedimientos pueden no estar recogidos con claridad en la CIE-9-MC, siendo su codificación no realizada o enmarcada dentro de la que más se asemeje. La codificación puede realizarse por personas no conocedoras de la patología que se codifica, dando lugar a codificaciones incorrectas.

La definición de las variables se ha basado en la codificación de la CIE-9-MC. Las variables del estudio se seleccionaron basándose en la relevancia conocida de estudios previos y la capacidad de discriminar los factores de riesgo usando los códigos disponibles recogidos en la base de datos del MSPSI.

5.3.5 No información de las coronariografías

La base de datos del MSPSI solo recoge la variable estado de ACTP (V45.82, CIE-9-MC). Esta variable incluye todos los ICP, ACTP con o sin *stent*, u otro procedimiento asociado.

La falta de datos de la coronariografía previa al ICP impide conocer si el ICP se realizó en pacientes con enfermedad de un vaso o enfermedad multivaso, el vaso tratado, si se empleó ACTP solo o asociado con *stents* u otros procedimientos, así como el número de *stents* y tipo. No se recogen datos del número de ICP previos a la CRC y el número total de *stents* implantados y vasos tratados.

La falta de datos de la coronariografía previa a la CRC impide conocer el estado de las lesiones tratadas mediante ICP, si han presentado reestenosis o ha evolucionado la EAC. En la publicación de Thielmann y colaboradores (38) la indicación para CRC fue en el grupo con un ICP previo: reestenosis intra*stent* el 9% de casos, lesiones nuevas el 59%, y combinación de ambos el 32%; mientras que en el grupo con múltiples

DISCUSIÓN

ICP previos fue: reestenosis intra*stent* el 20%, lesiones nuevas el 27% y combinación de ambos el 53%.

No se recogen datos del intervalo entre el ICP y la CRC. No pudiéndose valorar la mortalidad y morbilidad en este periodo, ni el tiempo transcurrido. En la publicación de Barakate y colaboradores (34) el intervalo de tiempo medio desde el ACTP inicial a la CRC fue de 13,7 meses (rango: 1 día-149 meses) y la mediana 4 meses, observándose una disminución en la media a lo largo de los años desde 1985 hasta 1997. Tran y colaboradores (32) publicaron en su serie un periodo de tiempo medio de 13,7±24 meses entre el ICP y la CRC. Thielmann y colaboradores (38) publicaron un intervalo de tiempo medio antes de la CRC en el grupo con un ICP previo de 12±22 meses y en el de múltiples ICP previos de 8±15 meses. En la publicación en pacientes diabéticos de Thielmann y colaboradores (40) expusieron un intervalo de tiempo medio entre el ICP y la CRC de 8±11 meses. Bonaros y colaboradores (44) consideraron criterio de exclusión en su estudio un periodo de tiempo mayor de 24 meses entre el ICP y la CRC.

No se puede interpretar si sería segura una estrategia de realizar primero un ICP y, en caso de reestenosis o progresión de la EAC, realizar posteriormente la CRC, debido a que no se recoge la mortalidad ni morbilidad entre el ICP y la CRC. Varios registros han mostrado que en pacientes con enfermedad multivaso manejados inicialmente con una estrategia de ICP presentan una mortalidad a los 12 meses elevada. Malenka y colaboradores (65) publicaron en 2005 un análisis de pacientes con enfermedad multivaso tratados con ICP o CRC, del registro del *Northern New England Cardiovascular Disease Study Group*, publicando una mortalidad al año del 6,4% en pacientes con enfermedad multivaso tratados con ICP. Hannan y colaboradores (8) en el análisis del registro cardiaco del estado de Nueva York, publicado en 2005, obtuvieron una mortalidad del 9,5% al año en pacientes con enfermedad de tres vasos tratados con *stents*. En la publicación de Hannan y colaboradores de 2008 se expone una mortalidad del 5,9% al año en pacientes con enfermedad de tres vasos tratados con *stents* liberadores de fármacos (9).

5.3.6 Medicación

La base de datos del MSPSI no recoge información de la medicación antiagregante empleada (acido acetilsalicílico, clopidogrel, dipiridamol, etc), si se suspendió y el periodo de tiempo entre la suspensión y la CRC. En la publicación de Thielmann y colaboradores (38) se recoge que la medicación preoperatoria con clopidogrel se suspendió rutinariamente al menos 24 horas antes de la cirugía y se reinició en las

DISCUSIÓN

primeras 48 horas tras la CRC. Carnero y colaboradores (42) refieren en su publicación que no se suspendió el acido acetilsalicílico preoperatoriamente y se suspendió clopidogrel entre 5 y 7 días antes de la CRC en los casos electivos.

5.3.7 **Mortalidad hospitalaria**

Debido a las características y limitaciones de la base de datos, se eligió como variable principal del estudio la mortalidad hospitalaria, una variable *dura*, recogida en el tipo de alta. La base de datos solo recoge datos del ingreso hospitalario de los pacientes, no existiendo datos del seguimiento a corto, medio o largo plazo.

6 CONCLUSIONES

A partir de los resultados obtenidos, partiendo de los objetivos definidos en la metodología del presente estudio y teniendo en consideración la población objeto de estudio y las limitaciones expuestas, se han generado las siguientes conclusiones:

1. El ICP previo (en distinto ingreso) no es un factor de riesgo independiente de mortalidad hospitalaria en pacientes mujeres intervenidos de CRC.

2. No se puede interpretar si sería segura una estrategia de realizar primero un ICP y, en caso de reestenosis o progresión de la EAC, realizar posteriormente la CRC, debido a que no se recoge en la base de datos del MSPSI la mortalidad ni morbilidad entre el ICP y la CRC.

7 BIBLIOGRAFÍA

1. Eagle KA, Guyton RA, Davidoff R, Edwards FH, Ewy GA, Gardner TJ, Hart JC, Herrmann HC, Hillis LD, Hutter AM Jr, Lytle BW, Marlow RA, Nugent WC, Orszulak TA, Antman EM, Smith SC Jr, Alpert JS, Anderson JL, Faxon DP, Fuster V, Gibbons RJ, Gregoratos G, Halperin JL, Hiratzka LF, Hunt SA, Jacobs AK, Ornato JP. ACC/AHA 2004 guideline update for coronary artery bypass graft surgery: a report of the American College of Cardiology/American Heart Association Task Force on Practice Guidelines (Committee to Update the 1999 Guidelines for Coronary Artery Bypass Graft Surgery). J Am Coll Cardiol. 2004;44:e213-310.

2. Van Domburg RT, Foley DP, de Jaegere PPT, de Feyter P, van den Brand M, van der Giessen W, Hamburger J, Serruys PW. Long term outcome after coronary stent implantation: a 10 year single centre experience of 1000 patients. Heart. 1999;82:II27-II34.

3. Hoffman SN, TenBrook JA, Wolf MP, Pauker SG, Salem DN, Wong JB. A Meta-Analysis of Randomized Controlled Trials Comparing Coronary Artery Bypass Graft With Percutaneous Transluminal Coronary Angioplasty: One- to Eight- Year Outcome. J Am Coll Cardiol. 2003;41:1293-304.

BIBLIOGRAFÍA

4. Serruys PW, Ong ATL, Herwerden LA, Sousa JE, Jatene A, Bonnier JJRM, Schönberger JPMA, Buller N bR, Disco C BB, Hugenholtz PG, Firth BG, Unger F. Five-year outcomes after coronary stenting versus bypass surgery for the treatment of multivessel disease. J Am Coll Cardiol. 2005;46:575-81.

5. Rodriguez AE, Baldi J, Pereira CF, Navia J, Alemparte MR, Delacasa A, Vigo F, Vogel D, O'Neill W, Palacios IF. Five-year follow-up of the Argentine randomize trial of coronary angioplasty with stenting versus coronary bypass surgery in patients with multiple vessel disease (ERACI II). J Am Coll Cardiol. 2005;46:582-8.

6. Hueb W, Lopes NH, Gersh BJ, Soares P, Machado LAC, Jatene FB, Oliveira SA, Ramires JAF. Five-year follow-up of te medicine, angioplasty, or surgery study (MASS II). Circulation. 2007;115:1082-9.

7. Hueb W, Lopes NH, Gersh BJ, Soares P, Ribeiro EE, Pereira AC, Favarato D, Rocha ASC, Hueb AC, Ramires JAF. Ten-year follow-up survival of the medicine, angioplasty, or surgery study (MASS II). A randomized controlled clinical trial of 3 therapeutic strategies for multivessel coronary artery disease. Circulation. 2010;122:949-57.

8. Hannan EL, Racz MJ, Walford G, Jones RH, Ryan TJ, Bennett E, Culliford AT, Isom OW, Gold JP, Rose EA. Long-term outcomes of

coronary-artery bypass grafting versus stent implantation. N Eng J Med. 2005;352:2174-83.

9. Hannan EL, Wu C, Walford G, Culliford AT, Gold JP, Smith CR, Higgins RSD, Carlson RE, Jones RH. Drug-eluting stents vs. coronary-artery bypass grafting in multivessel coronary disease. N Eng J Med. 2008;358:331-41.

10. Curtis JP, Schreiner G, Wang Y, Chen J, Spertus JA, Rumsfeld JS, Brindis RG, Krumholz HM. All-cause readmission and repeat revascularization after percutaneous coronary intervention in a cohort of medicare patients. J Am Coll Cardiol. 2009;54:903-7.

11. Serruys PW, Morice MC, Kappetein AP, Colombo A, Holmes DR, Mack MJ, Ståhle E, Feldman TE, van den Brand M, Bass EJ, Van Dyck N, Leadley K, Dawkins KD, Mohr FW. Percutaneous coronary intervention versus coronary-artery bypass grafting for severe coronary artery disease. N Eng J Med. 2009;360:961-72.

12. Banning AP, Westaby S, Morice MC, Kappetein AP, Mohr FW BS, Glauber M, Kellett MA, Kramer RS, Leadley K, Dawkins KD, PW S. Diabetic and nondiabetic patients with left main and/or 3-vessel coronary artery disease: comparison of outcomes with cardiac surgery and paclitaxel-eluting stents. J Am Coll Cardiol. 2010;55:1067-75.

13. Shroyer AL, Coombs LP, Peterson ED, Eiken MC, DeLong ER, Chen A, Ferguson TB Jr, Grover FL, Edwards FH. The Society of

BIBLIOGRAFÍA

Thoracic Surgeons: 30-day operative mortality and morbidity risk models. Ann Thorac Surg. 2003;75:1856-64.

14. 3er Informe EACTS (2006): Cirugía coronaria aislada. Disponible en http://www.sectcv.es/component/option,com_docman/task,cat_view/gid,156/Itemid,44/.

15. Resumen Anual Cirugía Cardiovascular 2008. Disponible en http://www.sectcv.es/component/option,com_docman/task,cat_view/gid,175/Itemid,44/.

16. Granton H, Cheng D. Risk stratification models for cardiac surgery. Sem Cardiothorac Vasc Anesth 2008;12:167-74.

17. Pliam MB, Shaw Re, Zapolanski A. Comparative analysis of coronary surgery risk stratification models. J Invas Cardiol. 1997;9:203-22.

18. Greissler HJ, Hölzl P, Marohl S, Kuhn-Règnier F, Mehlhorn U, Südkamp M, Vivie ER. Risk stratification in heart surgery: comparison of six score systems. Eur J Cardiothorac Surg. 2000;17:400-6.

19. Gabrielle F, Roques F, Michel P, Bernard A, Vicentis C, Roques X, Brenot R, Baudet E, David M. Is the Parsonnet's score a good predictive score of mortality in adult cardiac surgery: assessment by a French multicentre study. Eur J Cardiothorac Surg. 1997;11:406-14.

20. Bojar RM. Preoperative considerations and risk assessment. En: Bojar RM, ed. Manual of perioperative care in adult cardiac surgery. 4th ed. Berlin: Blackwell Publishing; 2005:93-130.

21. Shroyer ALW, Plomondon ME, Grover FL, Edwards FH. The 1996 coronary artery bypass risk model: the society of thoracic surgeons adult cardiac national database. Ann Thorac Surg. 1999;67:1205-8.

22. Edwards FH, Grover FL, Shroyer ALW, Schwartz M, Bero J. The society of thoracic surgeons national cardiac surgery database: current risk assessment. Ann Thorac Surg. 1997;63:903-8.

23. Ferguson TB Jr, Hammill BG, Peterson ED, DeLong ER, Grover FL. A decade of change--risk profiles and outcomes for isolated coronary artery bypass grafting procedures, 1990-1999: a report from the STS National Database Committee and the Duke Clinical Research Institute. Society of Thoracic Surgeons. Ann Thorac Surg. 2002;73:480-9.

24. Roques F, Nashef SAM, Michel P, Gauducheau E, Vincentiis C, Baudet E, Cortina J, David M, Faichney A, Gabrielle F, Gams E, Harjula A, Jones MT, Pintor PP, Salamon R, Thulin L. Risk factors and outcome in european cardiac surgery: analysis of the EuroSCORE multinational database of 19030 patients. Eur J Cardiothorac Surg. 1999;15:816-23.

BIBLIOGRAFÍA

25. Nashef SAM, Roques F, Michel P, Gauducheau E, Lemeshow S, Salamon R. European system for cardiac operative risk evaluation (EuroSCORE). Eur J Cardiothorac Surg. 1999;16:9-13.

26. Jones RH, Hannan EL, Hammermeister KE, DeLong ER, O'Connor G, Luepker RV, Parsonnet V, Pryor DB. Identification of preoperative variables needed for risk adjustment of short-term mortality after coronary artery bypass graft surgery. J Am Coll Cardiol. 1996;28:1478-87.

27. Kalycioglu S, Sinci V, Oktar L. Coronary artery bypass grafting (CABG) after successful percutaneous transluminal coronary angioplasty (PTCA). Int Surg. 1998;83:190-3.

28. Barakate MS HJ, Hughes CF, Bannon PG, Horton MD. Coronary artery bypass grafting (CABG) after initially successful percutaneous transluminal coronary angioplasty (PTCA): a review of 17 years experience. Eur J Cardiothorac Surg. 2003;23:179-86.

29. Kamiya H UT, Mukai K, Ikeda C, Ueyama K, Watanabe G. Late patency of the left internal thoracic artery graft in patients with and without previous successful percutaneous transluminal coronary angioplasty. Interact Cardiovasc Thorac Surg. 2004;3:110-3.

30. Van den Brule J NL, Verheugt FWA. Risk of coronary surgery for hospital and early morbidity and mortality after initially sucessful

percutaneous intervention. Interact Cardiovasc Thorac Surg. 2005;4:96-100.

31.   Sixth National Adult Cardiac Surgical Database Report 2008. Disponible en http://www.scts.org/sections/audit/Cardiac/index.html.

32.   Tran HA, Barnett SD, Hunt SL, Chon A, Ad N. The effect of previous coronary artery stenting on short- and intermediate-term outcome after surgical revascularization in patients with diabetes mellitus. J Thorac Cardiovasc Surg. 2009;138:316-23.

33.   Yap CH, Yan BP, Akowah E, Dinh DT, Smith JA, Shardey GC, Tatoulis J, Skillington PD, Newcomb A, Mohajeri M, Seevanayagam S, Reid CM. Does prior percutaneous coronary intervention adversely affect early and mid-term survival after coronary artery surgery? J Am Coll Cardiol Intv. 2009;2:758-64.

34.   Barakate MS, Hemli JM, Hughes CF, Bannon PG, Horton MD. Coronary artery bypass grafting (CABG) after initially successful percutaneous transluminal coronary angioplasty (PTCA): a review of 17 years experience. Eur J Cardiothorac Surg. 2003;23:179-86.

35.   Kamiya H, Ushijima T, Mukai K, Ikeda C, Ueyama K, Watanabe G. Late patency of the left internal thoracic artery graft in patients with and without previous successful percutaneous transluminal coronary angioplasty. Interact Cardiovasc Thorac Surg. 2004;3:110-3.

36. Van den Brule J, Noyez L, Verheugt FWA. Risk of coronary surgery for hospital and early morbidity and mortality after initially sucessful percutaneous intervention. Interact Cardiovasc Thorac Surg. 2005;4:96-100.

37. Hassan A, Buth KJ, Baskett RJF, Ali IS, Maitland A, Sullivan JAP, Ghali WA, Hirsch GM. The association between prior percutaneous coronary intervention and short-term outcomes after coronary artery bypass grafting. Am Heart J. 2005;150:1026-31.

38. Thielmann M, Leyh R, Massoudy P, Neuhäuser M, Aleksic I, Kamler M, Herold U, Piotrowski J, Jakob H. Prognostic significance of multiple previous percutaneous coronary interventions in patients undergoing elective coronary artery bypass surgery. Circulation. 2006;114[suppl I]:I-441-I-7.

39. Gurbuz AT, Zia AA, Cui H, Sasmazel A, Ates G, Aytac A. Predictors of mid-term symptom recurrence, adverse cardiac events and mortality in 591 unselected off-pump coronary artery bypass graft patients. J Card Surg. 2006;21:28-34.

40. Thielmann M, Neuhäuser M, Knipp S, Kottenberg-Assenmacher E, Marr A, Pizanis N, Hartmann M, Kamler M, Massoudy P, Jakob H. Prognostic impact of previous percutaneous coronary intervention in patients with diabetes mellitus and triple-vessel disease

undergoing coronary artery bypass surgery. J Thorac Cardiovasc Surg. 2007;134:470-6.

41. Chocron S, Baillot R, Rouleau JL, Warnica WJ, Block P, Johnstone D, Myers MG, Calciu CD, Nozza A, Martineau P, Van Gilst WH. Impact of previous percutaneous transluminal coronary angioplasty and/or stenting revascularization on outcomes after surgical revascularization: insights from the imagine study. Eur Heart J. 2008;29:673-9.

42. Carnero Alcazar M, Alswies A, Silva Guisasola S, Reguillo Lacruz LF, Maroto Castellanos LC, Villagrán Medinilla E, O´Connor Vallejo LF, Cobiella Carnicer J, Gonzalez Rocafort A, Alegria Landa VD, Castañon Cristobal JL, Gil Aguado M, Rodriguez Hernandez JE. Resultados de la cirugía coronaria sin circulación extracorpórea tras angioplastia con stent. Rev Esp Cardiol. 2009;62:520-7.

43. Massoudy P, Thielmann M, Lehmann N, Marr A, Klekamp G, Maleszka A, Zittermann A, Körfer R, Radu M, Krian A, Litmathe J, Gams E, Sezer Ö, Scheld H, Schiller W, Welz A, Dohmen G, Autschbach R, Slottosch I, Wahers T, Neuhäuser M, Jöckel KH, Jakob H. Impact of prior percutaneous coronary intervention on the outcome of coronary artery bypass surgery: a multicenter analysis. J Thorac Cardiovasc Surg. 2009;137:840-5.

BIBLIOGRAFÍA

44. Bonaros N, Hennerbichler D, Fridrich G, Kocher A, Pachinger O, Laufer G, Bonatti J. Increased mortality and perioperative complications in patients with previous elective percutaneous coronary interventions undergoing coronary artery bypass surgery. J Thorac Cardiovasc Surg. 2009;17:846-52.

45. Hassan A BK, Baskett RJF, Ali IS, Maitland A, Sullivan JAP, Ghali WA, Hirsch GM. The association between prior percutaneous coronary intervention and short-term outcomes after coronary artery bypass grafting. Am Heart J. 2005;150:1026-31.

46. Gomes WJ BE. Coronary stenting and inflammation: implications for further surgical and medical treatment. Ann Thorac Surg. 2006;81:1918-25.

47. Thielmann M LR, Massoudy P, Neuhäuser M, Aleksic I, Kamler M, Herold U, Piotrowski J, Jakob H. Prognostic significance of multiple previous percutaneous coronary interventions in patients undergoing elective coronary artery bypass surgery. Circulation. 2006;114[suppl I]:I-441-I-7.

48. Rouleau JL, Warnica WJ, Baillot R, Block PJ, Chocron S, Johnstone D, Myers MG, Calciu CD, Dalle-Ave S, Martineau P, Mormont C, van Gilst WH. Effects of Angiotensin-Converting Enzyme Inhibition in Low-Risk Patients Early After Coronary Artery Bypass Surgery. Circulation. 2008;117:24-31.

49. Taggart DP. Does prior PCI increase the risk of subsequent CABG? Eur Heart J. 2008;29:573-5.

50. Rao C, Stanbridge RDL, Chikwe J, Pepper J, Skapinakis P, Aziz O, Darzi A, Athanasiou T. Does previous percutaneous coronary stenting compromise the long-term efficacy of subsequent coronary artery bypass surgery? A microsimulation study. Ann Thorac Surg. 2008;85:501-7.

51. Lazar HL. Detrimental effects of coronary stenting on subsequent coronary artery bypass surgery: is there another flag on the field? J Thorac Cardiovasc Surg. 2009;138:276-7.

52. Guidelines on myocardial revascularization. The Task Force on Myocardial Revascularization of the European Society of Cardiology (ESC) and the European Association for Cardio-Thoracic Surgery (EACTS). Eur J Cardiothorac Surg. 2010;38:S1-S52.

53. eCIE9MC © Ministerio de Sanidad y Consumo, 2008. Disponible en http://www.msc.es/ecie9mc-2008/html/index.htm.

54. Carey JS, Danielsen B, Milliken J, Li Z, Stabile BE. Narrowing the gap: early and intermediate outcomes after percutaneous coronary intervention and coronary artery bypass graft procedures in California, 1997 to 2006. J Thorac Cardiovasc Surg. 2009;138:1100-7.

BIBLIOGRAFÍA

55. Carey JS, Danielsen B, Gold JP, Rossiter SJ. Procedure rates and outcomes of coronary revascularization procedures in California and New York. J Thorac Cardiovasc Surg. 2005;129:1276-82.

56. D´Agostino RB. Propensity scores in cardiovascular research. Circulation. 2007;115:2340-3.

57. Marti H, Perez-Barcena J, Fiol M, Marrugat J, Navarro C, Aldasoro E, Cabades A, Segura A, Masia R, Turumbay J, Cirera L, Arteagoitia JM, Tomás CA, Vega G, Sala J, Arcos E, Tormo MJ, Hurtado-de-Sancho I, Frances-Sempere M, Elosua R. Análisis de la asociación entre un tratamiento y un acontecimiento de interés en estudios observacionales utilizando la probabilidad de recibir el tratamiento (Propensity Score). Un ejemplo con la reperfusión miocárdica. Rev Esp Cardiol. 2005;58:126-36.

58. Rosenbaum PR, Rubin DB. The central role of the propensity score in observational studies for causal effects. Biometrika. 1983;70:41-55.

59. Martinez-Ramos D, Escrig-Sos J, Miralles-Tena JM, Rivadulla-Serrano MI, Daroca-Jose JM, Salvador-Sanchis JL. Influencia de la especialización del cirujano en los resultados tras cirugía por cáncer de colon. Utilidad de los índices de propensión (propensity scores). Rev Esp Enferm Dig. 2008;100:387-92.

60. Moreno Millan E, García Torrecillas JM, Lea Pereira MC. Variación de la estancia preoperatoria en España según grupos de edad, sexo y modo de acceso hospitalario (urgente o programado). Rev Calidad Asistencial. 2008;23:222-9.

61. Gomes WJ, Buffolo E. Coronary stenting and inflammation: implications for further surgical and medical treatment. Ann Thorac Surg. 2006;81:1918-25.

62. Muhlestein JB. Endothelial dysfuction associated with drug-eluting stents. What, where, when, and how? J Am Coll Cardiol. 2008;51:2139-40.

63. Johnson RG, Sirois C, Thurer RL, Sellke FW, Cohn WE, Kuntz RE, Weintraub RM. Predictors of CABG within one year of successful PTCA: a retrospective, case-control study. Ann Thorac Surg. 1997;64:3-7.

64. Gaudino M, Cellini C, Pragliola C, Trani C, Burzotta F, Schiavoni G, Nasso G, Possati G. Arterial versus venous bypass grafts in patients with in-stent restenosis. Circulation. 2005;112:I-265-I-9.

65. Malenka DJ, Leavitt BJ, Hearne MJ, Robb JF, Baribeau YR, Ryan TJ, Helm RE, Kellett MA, Dauerman HL, Dacey LJ, Silver MT, VerLee PN, Weldner PW, Hettleman BD, Olmstead EM, Piper WD, O'Connor GT. Comparing long-term survival of patients with

BIBLIOGRAFÍA

multivessel coronary disease after CABG or PCI: analysis of BARI-like patients in Northern New England. Circulation. 2005;112:I371-I6.

www.ingramcontent.com/pod-product-compliance
Lightning Source LLC
Chambersburg PA
CBHW030759180526
45163CB00003B/1097